今日から
モノ知り
シリーズ

トコトンやさしい
錆(さび)の本

松島 巖

腐食を防いだり、
腐食した構造物を
補修したりするの
にかかる腐食コスト
は低く見ても年
間約4兆円(97年)
かかっています。
実はこの直接コス
ト以外の腐食が起
きて工場が止まっ
たり、製品がだめに
なったりの間接コ
ストのほうがはる
かに大きいのです。

B&Tブックス
日刊工業新聞社

はじめに

包丁がさびた、亜鉛めっきの屋根がさびたり穴があいたりした、水道管に穴があいたなどで困ったことはありませんか。街を歩いて、看板や歩道橋のさびが、気になったことはありませんか。「さび」や「腐食」の問題は、身のまわりにたくさんあります。

新聞やテレビで、配管に穴があいてプロパンガスが漏れたとか、港の桟橋がくずれたとか、原子炉で漏水があったなどというニュースを見て、恐いと思ったことはありませんか。これらにも、「さび」や「腐食」が関係していることが多いのです。

私たちが幸せに暮らすためには、こういうことがあっては、困ります。無駄や不便も多いですし、ときには、人の安全にかかわります。省資源、省エネルギー、安全などが重視される世の中で、これらを防ぐことは、ますます重要になっています。また、高齢化が進むわが国では、橋や港の「さび」や「腐食」を防いで長もちさせないと、作り直す費用は出しにくくなります。

専門の人たちは、「さび」や「腐食」が起こらないように、日夜、努力をしています。これらがどうして起こるのか、どうやればうまく防げるのか、その仕組みを知りたいという人も多いと思います。しかし、ちょっと本を読んでも、分かりにくいという印象が強い分野だと、よく言われます。

その理由は、専門的な本はあっても、やさしい本があまりないからです。本当は、中学校の理科を理解していれば、分かる内容なのです。

この本は、「さび」や「腐食」について、世界でいちばん分かりやすい本にすることを目指して書きました。うまく書けたかどうかは、読者のご感想を待ちますが、「さび」や「腐食」について少しでも理解し、興味を持たれる方が増えることを、切に願っています。

本書の出版に際し大変お世話になった、日刊工業新聞社出版局書籍編集部の鷲野和弘氏、図解作成に苦心されたイラストレーターをはじめ関係各位に、心からお礼申し上げます。

松島　巖

2002年8月

目次

CONTENTS

第1章 なぜ鉄はさびるのか

第2章 腐食を防ぐには

第3章 大気の中での腐食と防食

第4章 水の中での腐食と防食

第5章 海水による腐食と防食

第6章 土の中での腐食

第7章 我が家の腐食対策

第8章
防食が豊かな社会を守る

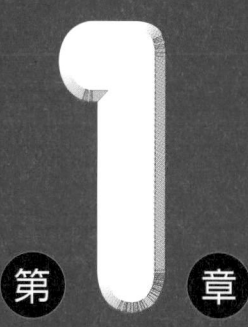

第1章
なぜ鉄はさびるのか

「さび」と「腐食」の関係

カラー鉄板の屋根にさびが出たとか、鉄の包丁がさびてしまったとか、「さび」とか「さびる」とかは身近な問題です。朝いちばんに蛇口をひねると赤っぽい水が出るのも、さびの問題です。さびるといろいろ困ります。

まず、きたならしいとか、見かけが悪いとか、不衛生だとかということがあります。包丁なら切れなくなるという、機能的な問題もあるでしょう。これらは、さび自体が与える影響です。それでは、さびた屋根をそのままにしておくとどうなるでしょうか。いつかは穴があいて雨が漏るでしょう。水道管にも穴があくかもしれません。これらはさび自体ではなく、鉄板や配管が、食われて行くという問題です。

鉄などの金属がさびるのも食われるのも、その金属がそれを取り囲む環境と化学的に反応して、さびなど、金属以外のものに変わってしまうことが原因です。このような化学的な変化を、「腐食」とよんでいます。

「腐（くさ）る」とか「食べる」とか食べ物の話みたいでおかしいですが、「金属が腐（くさ）って、蝕（むしば）まれる」ことから「腐蝕」と書いていたものが、簡略化されて「腐食」になったのです。

よく「さびとの闘い」とか、「さびによる損失」とかという言葉を耳にしますが、この「さび」は「腐食」の通俗的な表現です。科学や技術の世界では、「腐食との闘い」、「腐食による損失」などといいます。しかし、さび自体を問題にするときには、専門家も「さび」、「さびる」といいます。

私たちがよく見かけるのは、赤っぽい鉄のさびです。環境しだいでは、鉄に黒いさびができることもあります。お寺の銅の屋根では青ないし緑色のさびをよく見かけますが、これを緑青（ろくしょう）とよんでいます。アルミや亜鉛のさびはあまり見かけませんが、ふつうは白いさびです。

要点BOX

●金属が環境と化学的に反応して金属以外のものに変わる

腐食という悪魔

屋根のさび

今はさびの段階だが、放置すると穴があく

水道管の穴あき

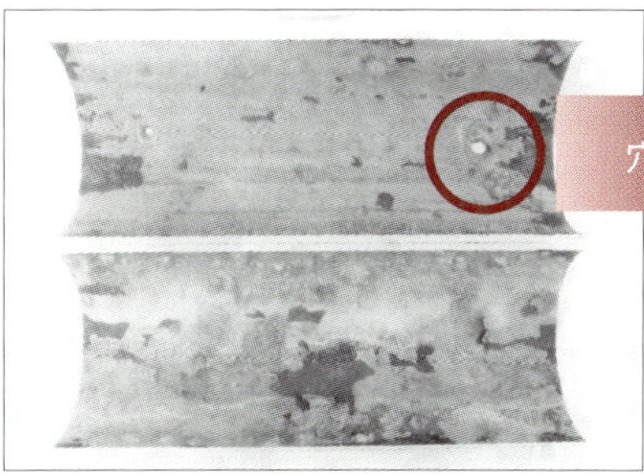

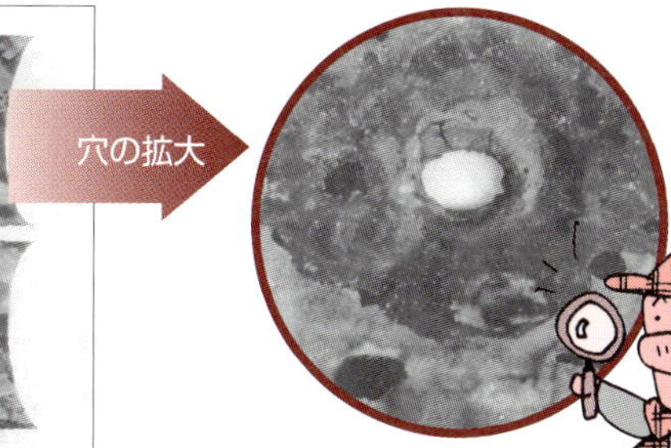

赤水が出るようなら、いつかは穴があく

用語解説

鉄と鋼：鉄のうち、われわれの身のまわりにあるのは、炭素鋼とよばれる鋼である。少量の炭素、マンガンおよびけい素と、不純物である微量のいおうとりんを含んでいる。適当な強度を持ち、溶接や加工ができる。この本では身近な用語として「鉄」をよく使うが、とくに断わらないときは、炭素鋼を指している。

2 犯人は水と酸素

一方がないと腐食しない

「青い惑星」とよばれる地球の最大の特徴は、水と酸素があることです。ところが、私たちの身のまわり、つまり自然環境で起こる腐食の犯人は、この水と酸素なのです。どちらかがないと、腐食は起こりません。

例えば、雨が降らず乾燥した砂漠では、水分がないので腐食しません。腐食の原因となる水分は、雨、露などによってもたらされますが、それ以外にも腐食の原因となる水が存在します。例えば、空気中の湿度がある程度以上になると、金属の表面には目に見えない薄い水の膜ができ、腐食が進みます。さびては困る金属の機械部品などを保管しておく倉庫の湿度を低く保つのは、このためです。

ガソリンに溶けている水によっても、腐食が起こります。このため、自動車のガソリンタンクは腐食しにくい材料でできています。

腐食の原因になるのは、見える、見えないにかかわらず、液体の水だけです。氷やふつうの蒸気は、液体の水に変わらないかぎり、腐食を起こしません。

海水によって腐食するのは、その中に空気が溶けることによって、酸素が存在するからです。魚がえらで呼吸するあの溶けた酸素です。海水を汲んできて窒素をぶくぶく通しておくと、海水から酸素が追い出されて、無くなってしまいます。この中に光った鉄釘(くぎ)を入れ、空気が入らないようにしっかり閉じておくと、いつまで経ってもさびてきません。

鉄釘といえば、昔は軍事的に重要な材料でした。20世紀になって、スコットランドでローマ軍の砦あとの土の中から、大量の鉄釘が見つかりましたが、1500年以上も経っているのに、多くの釘は腐食せず、そのままでした。空気からの酸素は地表から土を通ってやってくるので、まわりにあった釘は腐食したのですが、酸素はここで使い果たされ、内部の釘にまでは届かなかったためです。

要点BOX
- ●水のない砂漠では腐食は起こらない
- ●氷やふつうの蒸気では腐食しない
- ●水中で腐食するのは酸素が溶けているから

地球という青い惑星には水と酸素がある

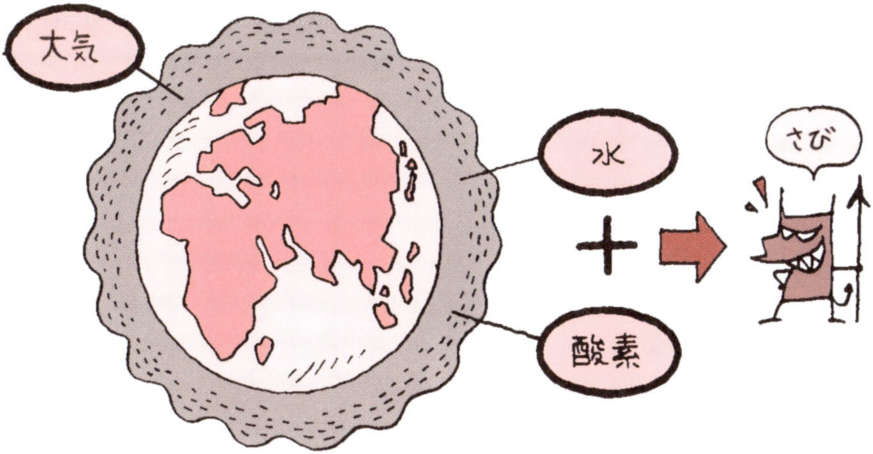

水と酸素で腐食する

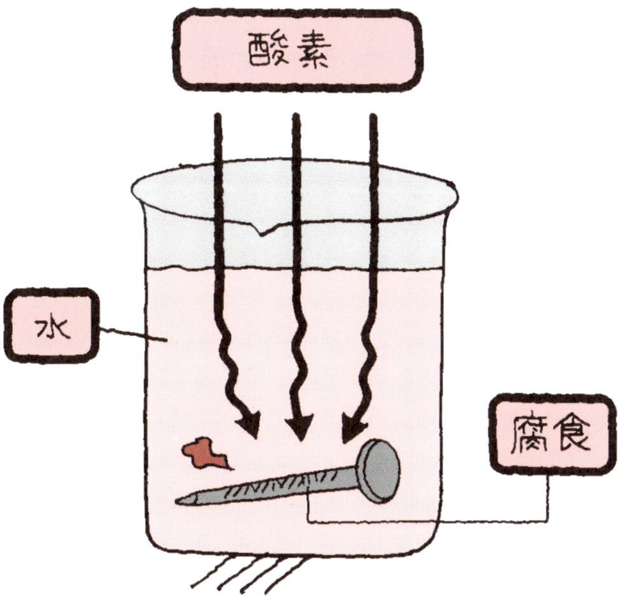

用語解説

蒸気：発電に使うような高温の蒸気は鉄を酸化するが、暖房や消毒に使うふつうの蒸気では腐食は起こらない。

3 酸に溶ける、高温で酸化する

水と酸素以外でも腐食する

自然環境で腐食の原因となるのは、水と酸素ですが、それ以外の環境でも、いろいろの原因によって腐食が起こります。

誰でも知っているように、希硫酸や塩酸に鉄を入れると、水素を出しながら激しく溶けます。これも腐食の一種です。腐食作用をするのは、酸の成分である水素イオン(H^+)です。

酸にも金属にもいろいろの種類があり、どの酸にどの金属が溶けるのかは、左ページの表を見てください。ちょっと不思議ですが、鉄は濃硫酸や濃硝酸には溶けません。ミステリーの小説で、濃硫酸で鉄格子を溶かして脱獄したとか、金庫に穴をあけて金や宝石を盗んだというような話が出てきますが、これは嘘っぱちです。この理由については、9で話します。

酸による腐食は、主に化学工場で問題になりますが、濃硫酸でない硫酸や塩酸に対し、十分強い金属がないので困ります。

鉄を火でまっ赤に熱すると、表面が空気中の酸素と反応して酸化鉄となり、鉄は失われていきます（酸化）。これも腐食の一種です。まっ赤になるほど温度が高いと、その進行速度は非常に高くなります。自然環境や酸によって起こる腐食には水が関係しているので、湿食とよぶのに対し、高い温度での酸化のような腐食には水が不必要なので、乾食とよびます。

乾食は酸素と限らず、高温のいろいろのガスを扱う化学装置で起ります。私たちが使う石油製品、プラスチック、合成繊維などの製造工場の装置で、問題になります。乾食には金属が失われるばかりでなく、脆くなったり、表面が材質的に劣化するという現象も含まれます。

この本は、身近な腐食を扱うことを目的としていますので、以下に説明する腐食は、すべて、水が関係する湿食に関する内容です。

要点BOX
- ●希硫酸や塩酸に鉄を入れると水素を出しながら、激しく溶ける
- ●鉄は濃硫酸や濃硝酸には溶けない
- ●湿食と乾食

酸に溶ける腐食

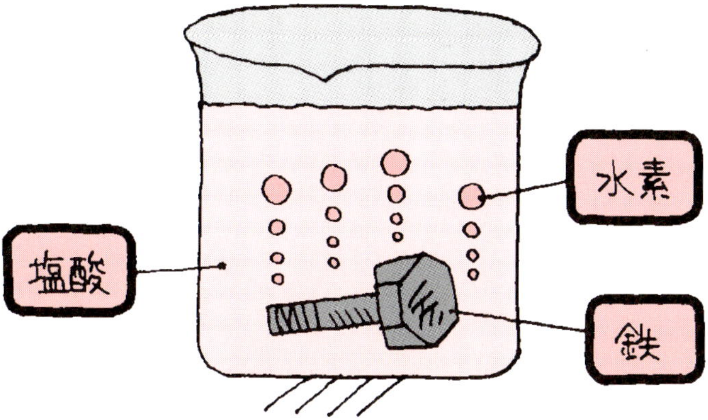

○:溶けない　×:溶ける

	濃硝酸·濃硫酸	希硫酸·塩酸
鉄	○	×
ステンレス	○	×
銅	×	○※
アルミ	○	×
チタン	○	×
亜鉛	×	×

※銅は希硫酸や塩酸に溶けないが、酸に酸素が溶けていると、それによる腐食が起こる。

高温で酸化する腐食

4 乾電池は腐食のモデル

金属がイオンに変化して失われるのが腐食

湿食の進行のメカニズムは、乾電池で起こる反応に似ています。乾電池は、マイナス電極となる亜鉛の筒の中心に、プラス電極となる炭素の棒を置き、これらの間に黒い薬品を詰めたものです。電球をつなぐと直流の電流が流れて、電球が点灯します。

電流は、炭素棒（⊕極）→電球→亜鉛の筒（⊖極）→黒い薬品→炭素棒と流れます。炭素棒から亜鉛の筒までの電流の流れは、電子が電流と反対の方向、つまり、亜鉛の筒→電球→炭素棒と流れることによります。亜鉛の筒では亜鉛が亜鉛のイオン（Zn^{2+}）と電子になり、電子を製造します。金属がそのイオンに変化して失われるのが腐食です。乾電池では電流が流れるのにつれて、亜鉛の筒が腐食するのです。

次に、食塩水の中で鉄とステンレスを直接につないだ場合を考えましょう。ステンレスをプラスの電極、鉄をマイナスの電極とした電池ができます。電流はステンレス→鉄→食塩水→ステンレスと流れます。また、電子が鉄→ステンレスと流れます。鉄の電極では鉄がプラスのイオン（Fe^{2+}）となり、電子を作ります。このため鉄が腐食します。

プラス電極のステンレスでは何が起こるのでしょうか。鉄からステンレスにやってきた電子は、そのままでは食塩水に入れません。食塩水に電流を流すには、反応してイオンとなることが必要です。

ここで、食塩水に溶けている酸素の出番です。酸素は電子と反応して消費し、水酸化物イオン（OH^-）になります。⊕極ではZn^{2+}が、⊖極ではOH^-ができることが、食塩水中を電流が流れる原因です。

こうして、電池の作用で腐食が起こります。腐食は、直流の電流が金属から環境へ流れ出るのに伴って起こるのです。

このような反応は、食塩水でなく淡水、海水、土などでも同じです。また、腐食電池の構成は、ステンレスと鉄を組み合わせたときとは限りません。

要点BOX

●腐食は直流の電流が金属から環境へ流れ出るのに伴って起こる

乾電池は腐食のモデル

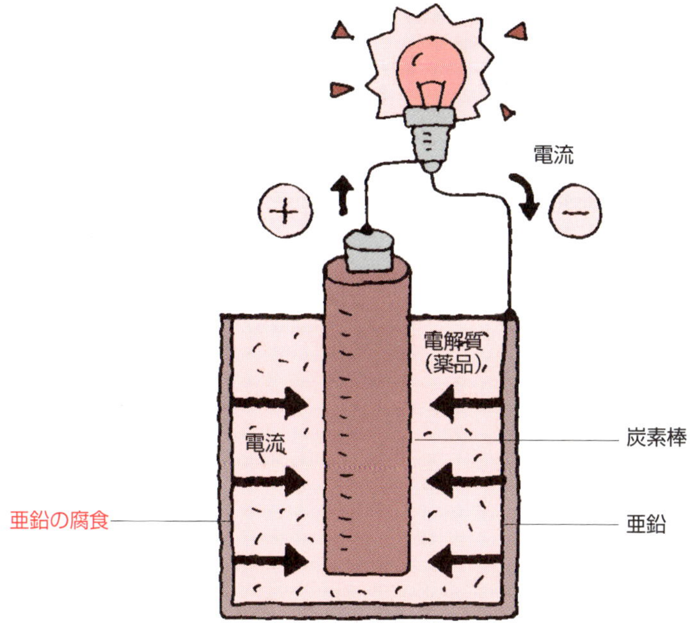

電流が流れるにつれて亜鉛の筒が腐食する

腐食を起こす電池（例）

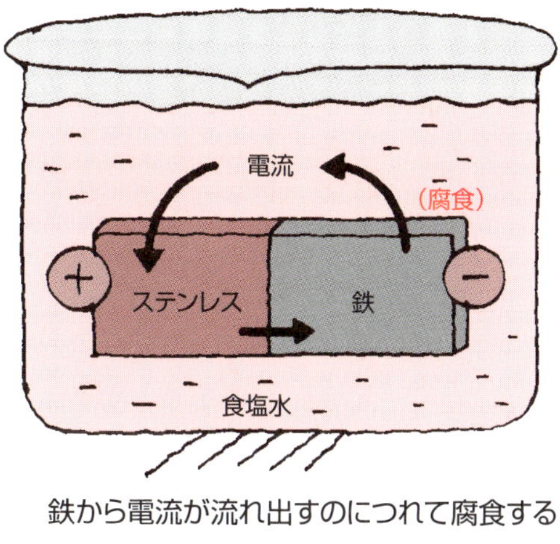

鉄から電流が流れ出すのにつれて腐食する

用語解説

ステンレス：正式には、ステンレス鋼と言う。

5 ミクロな電池、マクロな電池

均一な腐食と局部的な腐食

4の説明を読んで、「何もステンレスにつながなくても、食塩水の中に鉄を入れておけば腐食するではないか」という疑問を持った人も多いでしょう。そのとおりです。鉄は単独でも腐食します。ステンレスにつないだときについて説明したのは、電池のでき方が分かりやすいからです。

鉄を単独で食塩水などに入れると、鉄表面に原子サイズの、無数の⊕極と⊖極の部分ができます。鉄の表面では原子の配置が乱れているため、⊖極となって腐食で失われやすい原子があるのです。その原子が失われると、その隣の原子が失われやすくなります。⊖極の原子は無数に、ランダムに存在し、時間とともに位置が変わるので、表面は均一に腐食していきます。

このような電池を、ミクロ腐食電池とよびます。ミクロ腐食電池では、どこが⊕極でどこが⊖極であるか、見ても分かりません。電流は表面から均一に流れ出し、生じる腐食は均一です。

ここにステンレスがつながると、そのために電流が流れる分だけ、腐食が促進されるのです。つながるとは、溶接やボルト接合によって、金属どうしが接触していることです。このようにして促進される腐食を、異種金属接触腐食と言います。鉄とステンレス以外でも、いろいろな金属の組合せで起こります(7参照)。

異種金属を接触させたときにできる電池では、⊕極と⊖極の部分は目で見える大きさで、位置も固定されています。このような電池を、マクロ腐食電池とよびます。電流は⊖極部分に集中して流れ出しますから⊕極にくらべて、⊖極部分がごく狭い場合には、はげしい腐食が起こります。

マクロ腐食電池には、異種金属の接触以外に、いくつかの原因によるものがあります。通気差電池が代表的なもので、表面の障害物の存在などによって、金属への酸素の供給が不均一となる結果できます。これについては、8で述べます。

要点BOX
●均一な腐食を起こすミクロ腐食電池
●孔をあけたりするマクロ腐食電池

ミクロ腐食電池

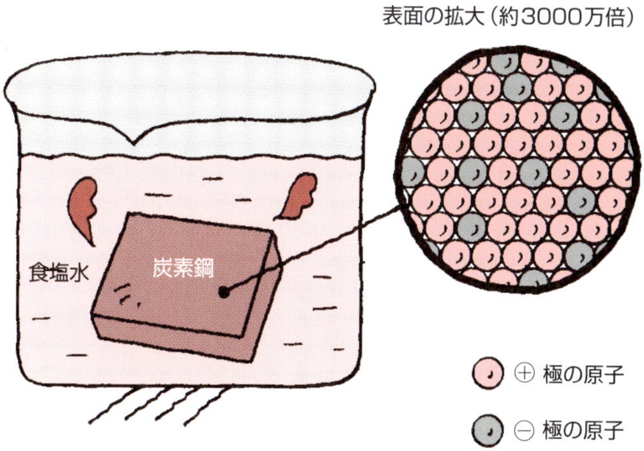

電流は表面から均一に流れ出し、生じる腐食は均一

種々のマクロ腐食電池

種類	例※
異種金属の接触	⊕ステンレス鋼 ⊖炭素鋼
溶接	⊕母材 ⊖溶接部
表面不均質	⊕ミルスケール部 ⊖素地露出部
通気差	⊕空気（酸素）供給良の部分 ⊖空気（酸素）供給不良の部分
pH差※※	⊕モルタル接触部（アルカリ性） ⊖土壌接触部（中性）

※⊕と⊖はつながった金属の中にできる。電流は主に⊖部分から流れ出し、生じる腐食は不均一。

※※pH差が実務に影響するようなマクロ腐食電池の原因となるのは、⊕極がpH10以上のアルカリ性、⊖極が中性（pH5～9）のときに限られると考えてよい。

6 腐食で金属が割れる

引張強さ以下でき裂

金属の板や棒に、荷重をかけるなどによって加わる力を、応力といいます。引張力が加わる応力が引張応力、圧縮力が加わる応力が圧縮応力です。

金属に引張応力が加わると、その大きさにしたがって金属は伸びます。この引張応力の大きさがある大きさ以下であれば、応力を除くと金属はもとの長さに戻りますが、限界を超えると「降伏」という現象が起こって、もとの長さには戻らなくなります。

さらに引張応力が増加して、ある限界を超えると、金属は破断します。金属が破断する最小の引張応力の値が、その金属の引張強さです。単位断面積［ふつう、1平方ミリメートル（㎟）］あたりの値で示します。それ以下の引張応力なら、破断しません。

ところが、金属がある種の腐食環境にさらされていると、加わっている応力が引張強さ以下であってもき裂を生じ、破断してしまうことがあります。この現象を、応力腐食割れとよびます。引張強さが低下したのと同じですから大変です。加わる引張応力が大きいほど、割れは生じやすくなります。圧縮応力は応力腐食割れを生じません。

応力腐食割れには、2つの種類があります。一つは、金属内部を横切って、幅が1マイクロメートルにも満たないような、面状の部分が腐食で失われ、割れを形成するというものです。よく経験するのは、塩化物イオン（Cl^-）を含む環境で、SUS 304のようなステンレスに起こるものです。

もう一つは、腐食によって生じる水素が金属中に入ることによって、金属が脆くなり、引張応力のために割れるものです。強さの大きい鋼材に起こりやすく、例えば、橋や鉄骨ビルに使う、高力ボルトとよばれる、高強度のボルトに生じます。環境は中性でも、腐食によって多少は水素が出るからです。

さいわい、応力腐食割れが生じる環境は限られており、金属によって異なっています。

要点BOX

●応力腐食割れの原因は、内部に向かって面状に溶けるか、水素で脆くなるかの2種類

応力腐食割れ Ⅰ

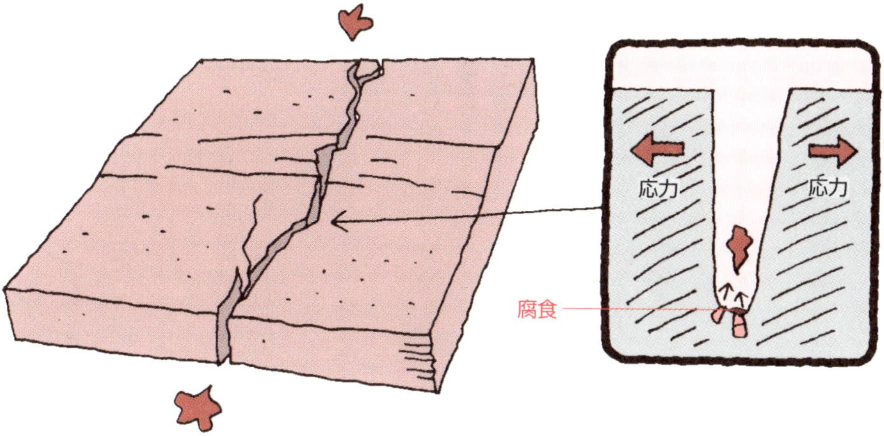

腐食したあとが割れになる

応力腐食割れ Ⅱ

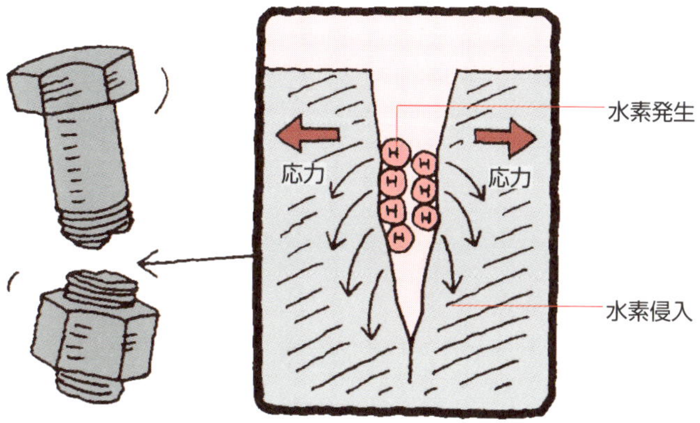

水素が侵入して脆くするため割れる

用語解説

SUS 304：いちばん一般的なステンレスのJISの記号。約18%のクロムと約8%のニッケルを含む鋼。ステンレスの種類については、11の表参照。

7 ステンレスにつながった鉄は腐食しやすい

異なる金属がつながると起こる腐食

5で説明したような異種金属接触腐食は、いろいろの金属の組合せで起こります。鉄の腐食は、ステンレスのほか、銅、チタン、クロムなど多くの金属によって促進されます。これらの金属が⊕極、鉄が⊖極となる電池が形成されるのです。

逆に、鉄が接触すると腐食が促進される金属は、マグネシウム、亜鉛、アルミなどです。これらの金属が⊖極、鉄が⊕極となる電池ができます。

異種金属接触腐食が進行するためには、接触している金属の両方が、水や土など、電流を流すことのできる環境中にあることが必要です。4で説明したように、マクロ腐食電池の電流は、⊕極の金属→(直接または電線経由)→⊖極の金属→環境→⊕極の金属のように流れて一まわりするわけですから、電流が環境中を流れることが不可欠なのです。

食塩水や海水は電気抵抗が低く電流を流しやすいので、接触しているステンレスと鉄において、接触部から何メートルも離れている部分の間でも電流は十分流れます。このため、接触部から離れた部分の鉄も、近い部分と同じように、腐食が促進されます。何メートルもあるステンレスと鉄を溶接した板でも、全面が十分な⊕極と⊖極として働きます。

この場合、鉄に対するステンレスの表面積が相対的に大きいほど、鉄の腐食は大きく促進されます。両方の表面で起こってもよい腐食が、鉄にしわよせされているからと考えればよいでしょう。海水中でステンレスの板に鉄のボルトを使うと、ボルトははげしく腐食しますが、鉄板にステンレスのボルトを使っても、鉄板の腐食の促進はわずかです。

淡水はかなり電気抵抗が大きいので、電流が十分届く距離は10センチメートル程度です。大気中では電流を流すのは表面に付いたごく薄い水層で、断面積が小さいために電気抵抗は非常に大きく、影響範囲はせいぜい1センチメートルです。

要点BOX

- ●鉄の腐食はステンレス、銅、チタン、クロムなどの接触で促進
- ●鉄の接触で促進されるのはマグネシウム、亜鉛、アルミ

異種金属接触腐食

鉄（炭素鋼）が他の金属とつながっているとき鉄の腐食を促進する金属	ステンレス 銅 チタン クロム
鉄とつながっているとき腐食が促進される金属	マグネシウム 亜鉛 アルミニウム

腐食の促進は相手金属の面積が大きいとはげしい

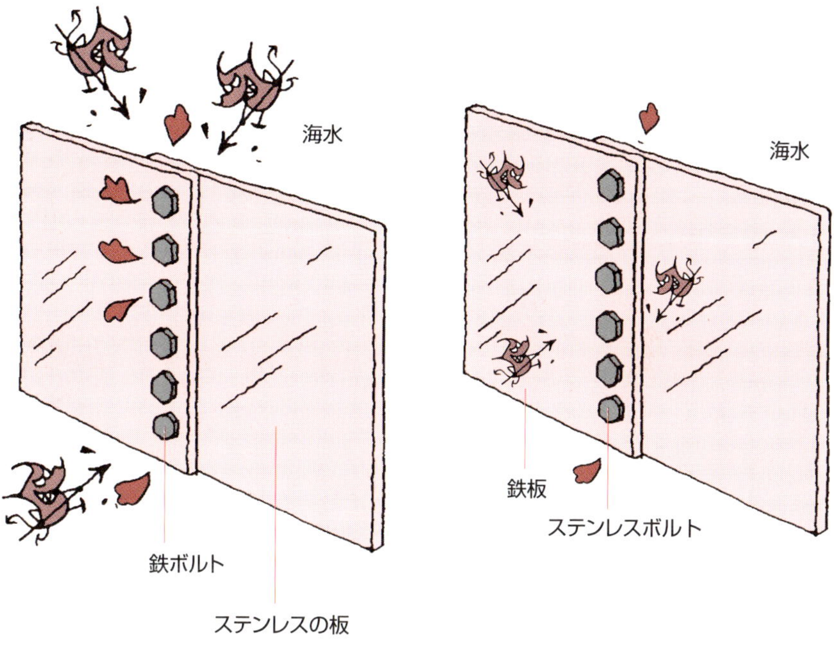

鉄ボルトの腐食促進　きわめて大

鉄板の腐食促進　ごく小

8 「さびこぶ」の下はえぐれる

局部的な腐食の促進

水やお湯の配管に使われている、古くなってめっきがなくなった亜鉛めっき鋼管の内面には、こぶ状のさびが多数できていることが、よくあります。このようなさびを、「さびこぶ」とよんでいます。さびこぶを剥がすと、その下では鋼管が腐食でえぐれて、孔食となっています。この原因は、5の最後で述べた「通気差電池」と言う、マクロ腐食電池の作用にあります。

水による腐食は、水と水に溶けている酸素によって進行します。さびこぶができるとこれが邪魔になって、その下の部分の鋼管に供給される酸素は、まわりの部分に比べて少なくなります。すると、さびこぶの下の部分を⊖極、まわりの部分を⊕極とするマクロ腐食電池ができ、⊖極の部分の腐食が促進されるのです。⊖極部分の面積は⊕極部分の面積よりかなり小さいので、腐食の促進が大きいのです。

酸素が腐食の原因であるのに、酸素が少ない部分が腐食するのは、おかしいと感じるかもしれません。酸素を受け取る部分と腐食する部分が、分業していると考えてください。受け取る酸素の量が増せば、さびこぶ下の腐食も大きくなるのです。

このようなメカニズムによる腐食を、通気差腐食とよびます。通気差腐食は孔食の形になるとは限りませんが、鉄鋼材料に孔食が生じる最大の原因です。

通気差腐食は、土に埋められた、鋼製の配管にも起こります。配管のある箇所までは、酸素の補給が良い砂質の土、そこからあとは、酸素の補給の悪い粘土質の土だったとします。砂質の土に接する部分の配管を⊕極、粘土質の土に接する部分の配管を⊖極とする通気差電池ができ、⊖極部分の配管の腐食が促進されます。このとき、⊖極部分の配管は、さびこぶの場合とは違う理由で、孔食となります。土と配管との接触は均一ではないため、配管から流れ出す通気差電池の電流が、局部的に大きくなるから、孔食になるのです。

要点BOX

- ●腐食の原因は酸素補給の差
- ●酸素を受け取る部分と腐食する部分が分業
- ●水配管内面や土中の配管の外面で起こる

「さびこぶ」と「さびこぶ」の下のえぐれ

「さびこぶ」のまま

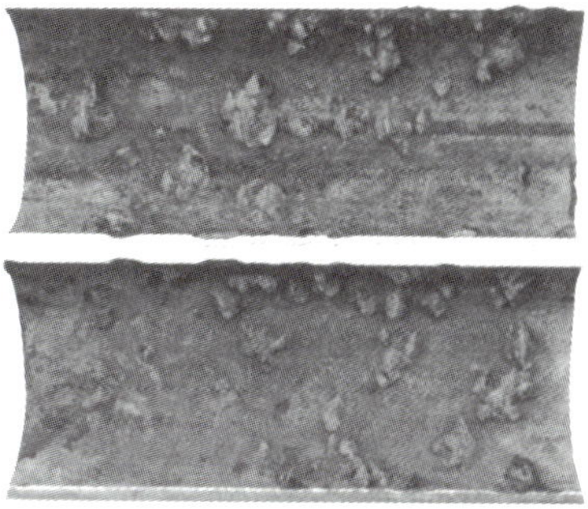

「さびこぶ」除去後

「さびこぶ」の下がそのパターンの通りにえぐれている

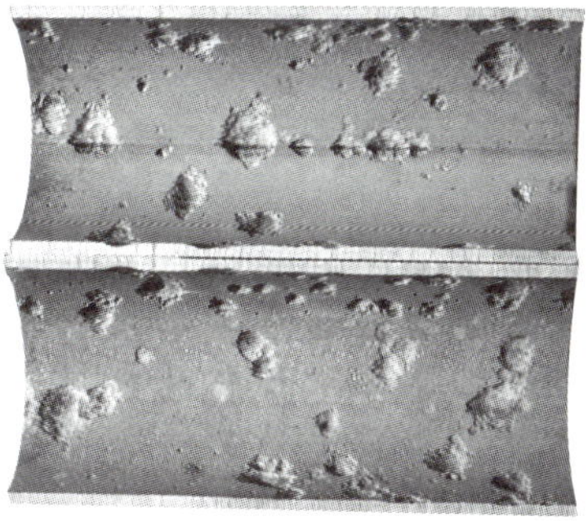

「さびこぶ」が作る腐食電池

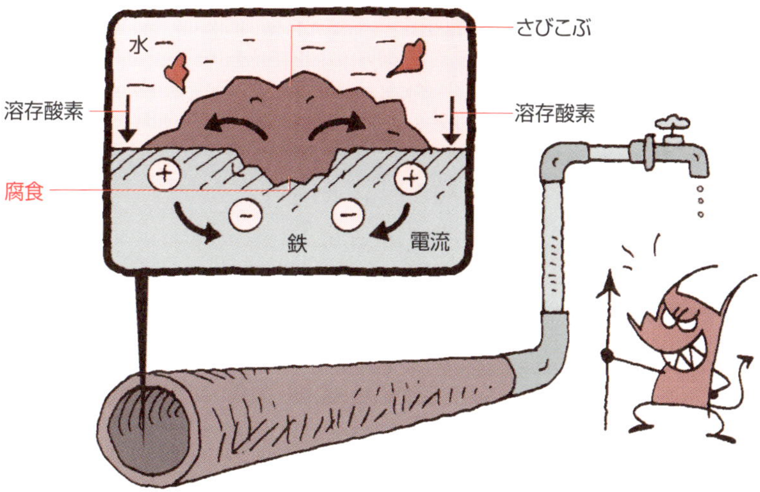

マクロ腐食電池で㊀極部分の腐食が促進される

9 腐食に強いステンレスや銅

腐食を妨げる皮膜が耐食性を与える

10で述べるように、ステンレスも、さびたり腐食で穴が[illegible]ことがありますが、ふつうは腐食に強い[illegible]ぜ強いのでしょうか。

腐食に対する特性から、金属は4種類に区分できます。いちばん強いのは金や白金です。これらの貴金属は、環境と化学反応する性質を持たないのです。

ステンレスは、金属自体に反応性がないのではなく、表面に腐食を妨げる皮膜が自然にすぐできることが、良い耐食性を示す理由です。このような皮膜を、不動態皮膜といいます。厚さは100万分の1ミリメートル（1ナノメートル）程度と非常に薄く、透明なので目には見えず、ステンレスは金属光沢のままです。この皮膜は特殊な酸化物です。不動態皮膜をつくる金属には、チタン、クロム、アルミなどがあります。

銅や亜鉛も、かなり良い耐食性を持っていますが、その原因も腐食を妨げる表面の皮膜にあります。この皮膜の厚さは1000分の1ミリメートル（1マイクロメートル）程度で、不動態皮膜に比べるとかなりの厚さです。できるのに、大気中で数ヶ月といった時間がかかります。不動態皮膜に対応する名前はありません。ここでは保護皮膜とよぶことにします。

10円硬貨は銅でできています。新しいときはいわゆる銅色をしていますが、流通するうちに暗褐色になります。亜酸化銅の保護皮膜ができるからです。お寺の屋根のように雨ざらしの状態ではこの上に緑青ができますが、これにもある程度の腐食保護能力があります。亜鉛の保護皮膜の生成は、最初光っていた亜鉛めっきが、大気や水中で黒ずんでくることから分かります。水酸化亜鉛の組成をしています。

鉄の皮膜はさびです。ある程度は腐食を抑制しますが、多くの環境中での腐食は大きいので、塗装やめっきが必要となります。ただし、鉄も濃硝酸、濃硫酸、pH約10以上のアルカリ、酸素の供給が限度以上の水などの中では、不動態皮膜を作り、腐食しません。

要点BOX
- ●ステンレスやアルミは不動態皮膜
- ●銅、亜鉛は保護皮膜
- ●鉄のさびはあまり役に立たない

金属の耐食性は表面にできる皮膜で決まる

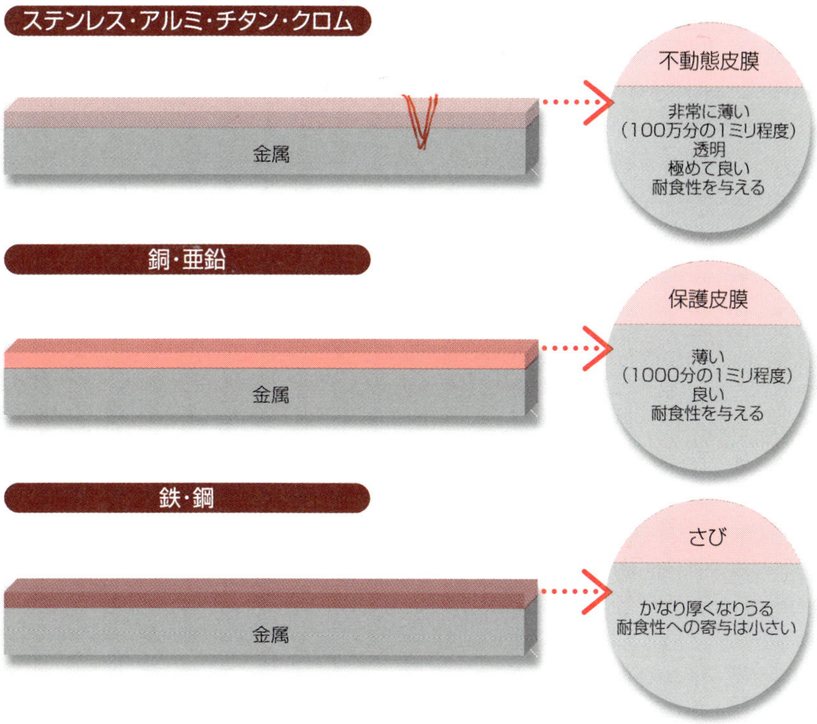

鉄（炭素鋼）に不動態皮膜ができる環境

- 濃硫酸、濃硝酸
- コンクリート（pH約12.5）
- アルカリ性脱脂液
- 流速のある水（約0.5メートル/秒以上）
- 酸素を多くとかした水（1リットルの水中に約15ミリリットル以上の酸素）※

※1気圧の空気が水に十分溶けていても酸素の濃度はこれよりずっと低い

10 ステンレスもやられる

皮膜が溶けたり破れたりすると起こる

不動態皮膜が破れると、ステンレスも腐食します。

①**全面溶解**　pHが低い水溶液や酸によって不動態皮膜は溶け去り、ステンレス自体が全面的に溶けます。ステンレスは塩酸や希硫酸には弱いのです。

②**孔食**　ほぼ中性でも、海水のように塩化物イオン（Cl^-）の多い環境中では、不動態皮膜が局所的に破れ、その部分が孔状に腐食します。皮膜が破壊された小面積の部分が㊀極、健全な大面積の部分が㊉極という、マクロ腐食電池ができる結果です。

③**すきま腐食**　海水などCl^-イオンを含む環境中で、ステンレスどうしが重なっていたり、ステンレスの表面に貝などが付着したりしますと、そこにごく間隔の狭いすきまができます。このようなすきまに入った海水などは入れ替われず、時間が経過するとCl^-イオン濃度は上昇し、pHは低下します。すると、SUS304などのステンレスの不動態皮膜は耐えられません。すきま内表面が㊀極、外の表面が㊉極となって、すきま内ですきま腐食が起こります。

④**発錆**　ステンレスも、大気中などでさびることがあります。潮風や触った手の汗でCl^-イオンが付着するとか、さらに付着物がすきまを作るなどして、不動態皮膜が損傷することが原因です。

⑤**粒界腐食**　ステンレスが自然に不動態皮膜を生成するには、12～13％以上のクロムを含んでいることが必要です（SUS 304は約18％のクロムを含有）。ところが溶接などによって600～850℃に加熱されますと、SUS 304などでは結晶と結晶の境界部分（結晶粒界）のクロムは、ステンレス中の炭素と反応して減ってしまい、結晶粒界は耐食性を失います。これを鋭敏化といいます。鋭敏化したステンレスの結晶粒界は、腐食環境中で選択的に腐食します。

⑥**応力腐食割れ**　6で説明したように、SUS 304のようなステンレスの応力腐食割れは、Cl^-イオンを含む約60℃以上の環境で起こります。

要点BOX

- ●塩酸や希硫酸に溶解
- ●塩化物イオンは強敵
- ●溶接などが原因となる粒界腐食

ステンレスもやられる

孔食

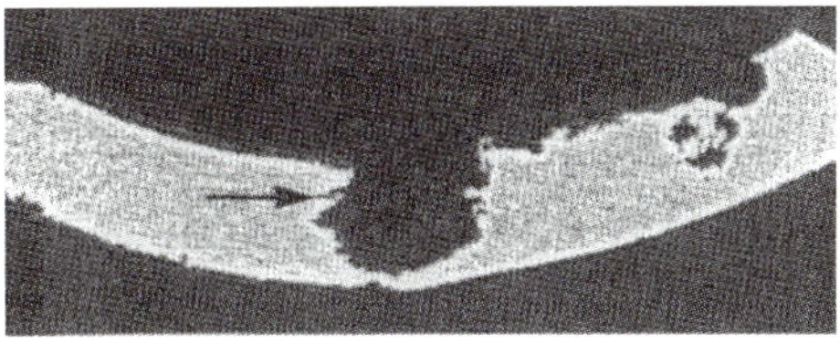

不動態皮膜が塩化物イオンによって局所的に破れ、その部分が孔状に腐食

すきま腐食

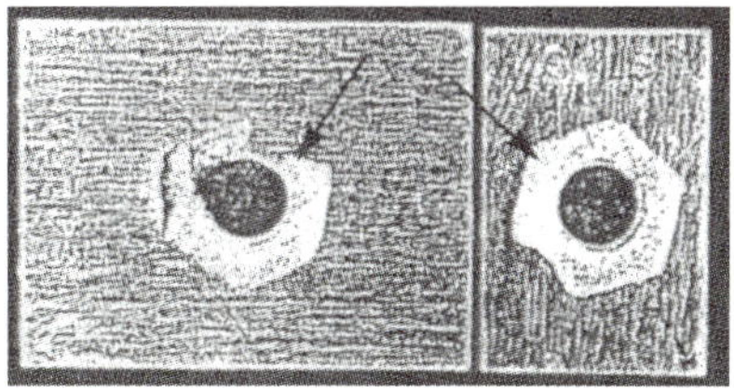

すきまに入った海水などが入れ替わらず、pHが低下、塩化物イオンが蓄積して不動態皮膜を破る

応力腐食割れ

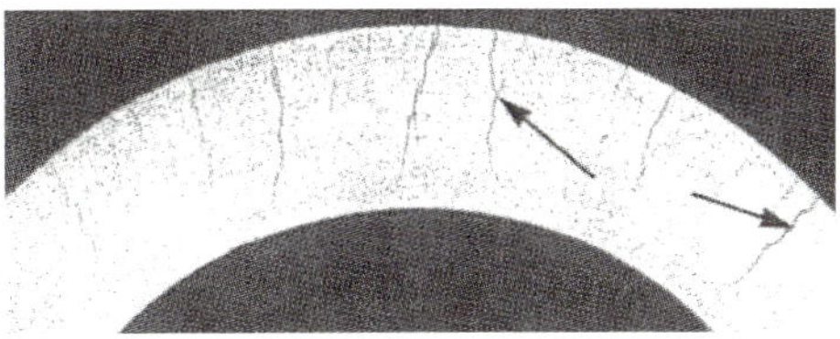

塩化物イオンを含む約60℃以上の環境で起こる

粒界腐食

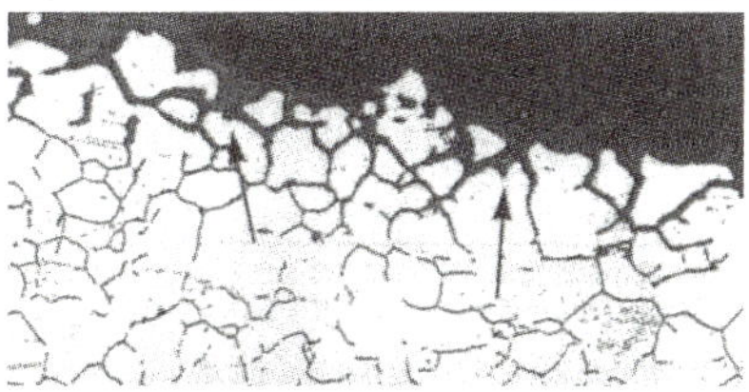

結晶と結晶の境界部分のクロムがステンレス中の炭素と反応して減り、耐食性が低下する

11 ステンレスをもっと強くする

成分の配合を変える

ステンレスもチタンも、自然にできる不動態皮膜が腐食を防いでいます。10で述べたように、SUS 304のようなふつうのステンレスは、環境条件によっては腐食します。しかし、チタンが腐食したという話は、あまり聞きません。ステンレスに比べ、チタンの不動態皮膜は非常に安定で、腐食作用によって容易に破壊されないからです。

チタンの屋根なら、どんな地域で使っても決してさびません。また、チタンは海水中で孔食を生じません。また、100℃以上といった高温でなければ、すきま腐食も大丈夫です。粒界腐食は起こらないことはありませんが、特殊な環境のときだけです。応力腐食割れも、ふつうには起こりません。ただし、チタンもよほど薄くない限り、塩酸や硫酸には耐えられません。ステンレスをもっと強くできないでしょうか。

ステンレスは鉄にクロムなどを加えた合金ですが、いろいろの成分配合のものがあり、配合によっては、SUS 304よりずっと良い耐食性を持っています。

孔食やすきま腐食に対する強さは、クロムの量が多いほど、大きくなります。同時にモリブデンを加えると、さらに改善されます。例えば、SUS 304とクロム量はほぼ同じでも、2～3%のモリブデンを加えたSUS 316は、より優れた耐孔食性を示します。耐海水ステンレスとよばれる種類のいくつかのステンレスは、クロムを多く含み、モリブデンを加えたステンレスです（37参照）。

SUS 304のように、クロムとニッケルを配合したオーステナイト系のステンレスの場合、ニッケルを多く含むほど、塩化物による応力腐食割れに強くなります。

炭素量の低い（0・030%以下）ステンレス（SUS 304Lなど）は、溶接しても粒界腐食の心配はありません。チタンやニオブを加えて炭素を固定化し、クロムと反応しないようにしたステンレスもあります。

要点BOX

- クロムを増しモリブデンを加えると孔食に強くなる
- ニッケルが多いステンレスは応力腐食割れに強い

ステンレスの種類と特徴

分類	特徴	例	用途
オーステナイト系	約16%以上のCrとかなりの量のNiを含む。加工、溶接が容易。汎用鋼種は孔食、応力腐食割れの問題あり。改善鋼種あり。	SUS 304（18%Cr-8%Ni） SUS 316（18%Cr-12Ni-2.5%Mo）	広い用途に使用。とくにSUS 304はもっとも広く用いられる。
フェライト系	約11%以上のCrを含む。Niは含まない。加工、溶接性はオーステナイト系よりやや劣る。応力腐食割れに強い。	SUS 430（18%Cr） SUS 444（18%Cr-2%Mo-Ti-低C、N）	SUS 430は内外装・家庭用品の一部、SUS 444は給湯槽、ソーラーパネルなど。
二相系	22～25%のCrと数%のNiを含む。硬い。耐食性がかなり良い。	SUS 329J3L（22%Cr-6Ni-3%Mo-N-低C）	一部の耐食性用途。用途は限られる。
マルテンサイト系	12～20%のCrを含む。非常に硬い。耐食性は限られる。	SUS 410（13%Cr） SUS 440（18%Cr）	刃物など。

Cr：クロム、Ni：ニッケル、Mo：モリブデン、Ti：チタン、C：炭素、N：窒素

SUS 304の耐食性を改善するには

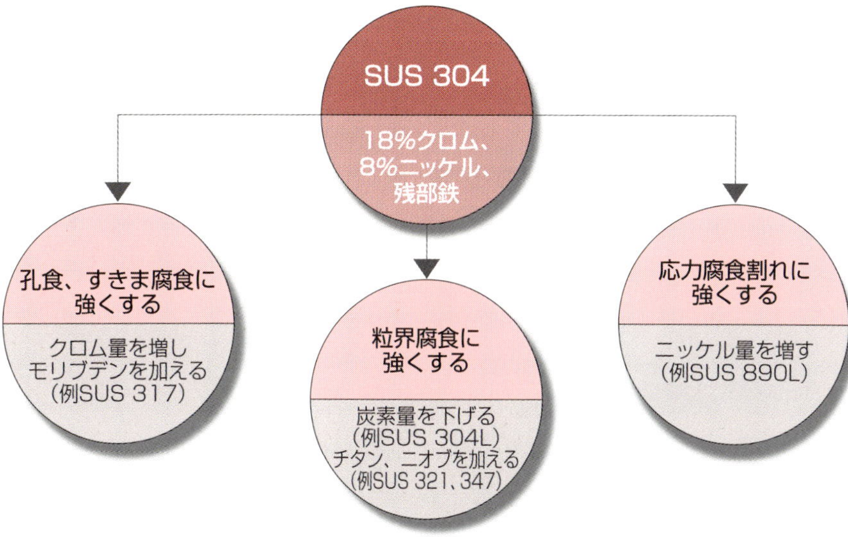

Column

昔の鉄はさびにくい？

水と酸素に恵まれたこの「青い惑星」にも、ずいぶん長い年月、腐食に耐えている鉄の製品があります。何も工夫しないのにです。

よく知られているのは、インドのデリーの町の寺院にある、高さ7メートルくらいの鉄柱です。建てられたのは1600年ほど前で、雨ざらしのままですが、あまり腐食したようすはありません。

専門家がいろいろ研究して、人が信仰のために手でなでまわすので油が付くからだとか、特殊な成分が鉄に入っているからだとか、いろいろな説がありますが、乾燥していて水分が少なく、空気もきれいだからという考えが有力です。

1600年とはいかなくても、数百年くらいのものなら、わが国にもたくさんあります。たとえば、榛名神社の境内に、鎌倉時代の鉄灯籠がありますが、さびてはいても腐食損傷は軽度です。山のきれいな空気のためでしょう。

古いものに、法隆寺の鉄釘があります。ヒノキに打ち込まれた創建当時の釘を、大修理のために引き抜いたところ、まだ十分使えるものが、多数ありました。鉄の純度が良いからだとか、鍛冶が良いからだとかとも言われますが、使われた樹齢千年のヒノキが緻密で、あまり水や空気が入らなかったためだと思われます。

これらの例では、どれも材質より環境が効いています。

鉄は、鉄鉱石という安定な酸化鉄から、無理に酸素を引き剥がして作った、不安定なものです。いつかはまた、酸素と結合してさびという酸化鉄に戻ります。環境が良ければその速さも遅いのです。環境が悪くてもうまく防食して、省資源、省エネルギーに努めることが重要です。

●デリーの鉄柱

第2章

腐食を防ぐには

12 腐食を防ぐ8つの方法

方法は8つしかない

腐食を防ぐのに利用できる方法（防食法）の主なものは、次の8つです。

①腐食しにくい構造にする　水を溜まりにくくする（大気中の構造物）、流速を過大にしない（配管）、冷却して温度を抑える（化学装置）など、腐食が起こりにくい構造にすることが、まず、重要です。

②「腐食しろ」を加える　腐食しても残りの肉厚でもつよう、腐食で減る分をあらかじめ材料にプラスしておく厚さを、「腐食しろ」といいます。場合によっては有効な方法です。「腐食代」とも書きます。

③塗料（ペンキ）を塗る　塗装は、腐食環境を材料から遮断して腐食を防ぎます。大気中や水中の構造物の防食に、もっともよく用いられる方法です。

④めっきする　下地の金属より、腐食しにくい金属で覆う方法です。しかし、めっきのピンホールや損耗部分では、下地の金属が露出して、異種金属の接触によるマクロ腐食電池を作ります。耐食性が良いだけではなく、下地金属の腐食を促進しない金属のめっきを使います。

⑤環境を良くする　腐食の原因となる水分を除くため、倉庫内の湿度を下げたり、ボイラに使う水から酸素を除去したり、ステンレスの腐食防止のために、環境中の塩化物量を減らしたりする方法です。

⑥腐食を防ぐ薬品を加える　そのような薬品を、防食剤とよびます。それぞれの環境で、都合のよい防食剤が存在するとは限りませんが、例えば、化学工場の冷却水には、りん酸塩系の防食剤が有効です。

⑦電流を流す　湿食は、金属から直流の電流が環境へ流れ出すことによって起こります。これより大きな電流を人工的に金属へ押し込めば、腐食は止まります。これを電気防食とよびます。土中のパイプラインや海中の構造物に、広く利用します。

⑧腐食しにくい金属を使う　例えば、鉄はさびるので、ステンレスを使うという方法です。

要点BOX

- ●腐食に強い構造、材料
- ●被覆する
- ●腐食性を減らす
- ●電流を流す

腐食を防ぐには

	考え方	防食法
腐食作用	①虎を野に放つな	腐食しにくい構造設計
	②金持ち喧嘩せず	あらかじめ厚くしておく［腐食しろ（代）を加える］
	③壁を厳重に(1)	塗装する
	④壁を厳重に(2)	めっきする
	⑤環境改善(1)	腐食性物質を除く
	⑥環境改善(2)	防食剤を加える
	⑦敵を押し返す	電気防食
	⑧負けない強さ	耐食材料を使う

防食法の利用

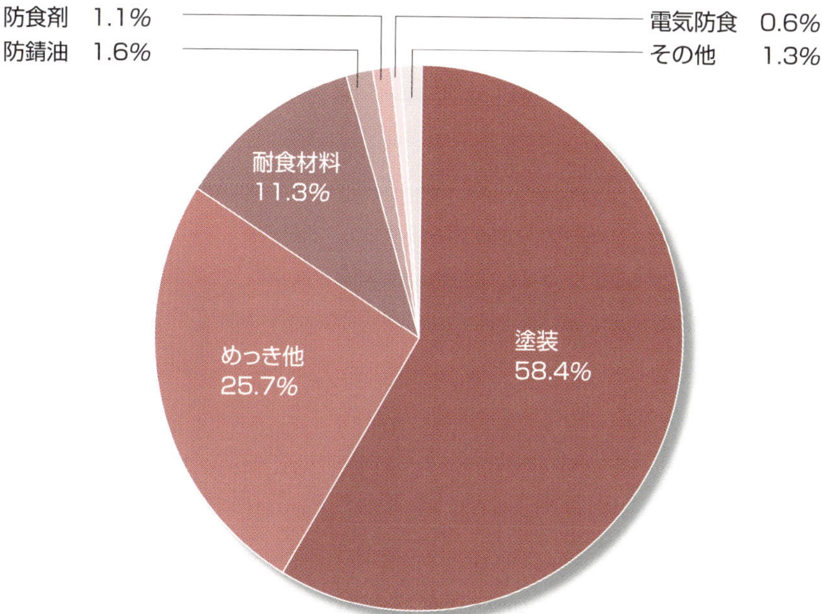

数字は年間支出額の割合（%） 1997
「材料と環境」50、490（2001）に基づいて作図

13 腐食を防ぐにはお金がかかる

GNPの1〜4%

腐食を防いだり、腐食した構造物を補修したりするのにかかる費用を、腐食コストとよびます。腐食が起こると、工場の操業が止まったり、製品が漏れたり駄目になったりするという、間接的な被害があり、費用がかかります。その費用のほうが、腐食対策費自体よりも大きいことが多いのですが、このような間接的な費用は推定が困難なので、ここでは腐食対策に必要な、直接的な費用だけを考えます。

腐食コストの調査には、2つの方法があります。一つは、防食措置および生じた腐食の補修に、どれだけ費用がかかったかを、積算する方法です。もっと簡単なもう一つの方法は、防食に関係する材料や、施工の売上金額から算出する方法です。

このような腐食コストの調査は、いくつかの先進国で行われましたが、わが国では、腐食防食協会と日本防錆技術協会が協力して、1974年度と1997年度を対象に、両方の方法を用いて2度調査しました。

簡単なほうの調査方法によって求めた結果を見ますと、1974年度の1年間では、総額約2・6兆円、1997年度では約3・9兆円となっています。これらの金額は、調査対象年のGNPに対し、それぞれ1・72%および0・77%にあたります。1997年度のGNP比率のほうが低いのは、おそらく、GNPのうち腐食の起こりやすい製造業の比率が、低下したためでしょう。諸外国で行った調査の結果でも、腐食コストは、GNPの1〜4%になっています。

このような比率は、わが国における、政府支出の全分野の研究開発投資総額に匹敵し、大変大きなものです。防食方法を合理化して、削減することが必要です。

近年、ライフサイクルコストの重要性が、注目されています。防食費用は初期投資費とメンテナンス費に分かれます。前者が大きければ後者は小さく、前者が小さければ後者が大きい傾向となります。ライフサイクルコストを最小にする防食設計が、重要です。

要点BOX
- ●政府支出の研究開発投資総額に匹敵
- ●ライフサイクルコストを考えた防食設計

わが国の腐食コスト（1997）

調査方法	腐食コスト	GNP比
Uhlig方式	39376.9億円	0.77%
Hoar方式	52582.0億円	1.02%

腐食コスト	防食や腐食の補修のために、支出が必要となる金額。腐食が生じたために起こる操業停止、効率低下、製品漏洩·汚染などによる損失額（間接コスト）を含まない。間接コストのほうが、はるかに大きい
Uhlig方式	防食に用いる材料の生産、防食施工の売上額
Hoar方式	各産業分野で防食·補修に支出した金額

（「材料と環境」、50、490（2001）のデータによる）

腐食コストはこんなに大きい

支出項目	年度	金額（兆円）※
政府支出研究開発投資額	1999	3.5
防衛関連費	2001	4.9
腐食コスト（Hoar方式）	1997	5.3
国内研究開発投資総額	1999	16.1
国民医療費	1999	30.9

※概数

用語解説
ライフサイクルコスト：初期投資、維持管理、補修を含め、設備や装置の耐用期間中にかかるすべての費用。

14 塗装による防食

腐食コストの約60%を占める

塗装は、わが国の腐食コストの約60%を占めており、もっともよく使われる防食方法です。

塗料は、溶剤に溶かした樹脂など、塗膜を形成する物質（ビヒクル）に、水や溶剤に溶けない顔料とよばれる粉末などを加え、溶剤によって、塗るのに適当な流動性を与えたものです。

塗膜を形成する物質に、油を使うか合成樹脂を使うかによって、油性塗料と合成樹脂塗料に分かれます。油性塗料に用いる油は、大豆油、亜麻仁油（あまにゆ）などの乾性油で、空気中の酸素と反応して塗膜になります。合成樹脂塗料には、フタル酸樹脂、ビニル樹脂、エポキシ樹脂、ポリウレタン樹脂、ふっ素樹脂など、いろいろの合成樹脂が使われます。

顔料には、塗料に色を付けるための着色顔料、腐食を抑制する防錆顔料、および塗膜の物理的性質を整える体質顔料があります。

塗膜が良い耐久性を示すには、素地に良く接着していることが、もっとも重要です。そのために、素地表面から、さび、ミルスケール（鋼材製造時、高温での加熱のために表面に生じる酸化鉄）、油分、その他の汚れを除くこと（素地調整）が必要です。パワーブラシなどの電動工具による方法や、鉱物や金属の粒（研削材）を吹きつけるブラスト法が使われます。

塗装は基本的に、下塗り、中塗り、上塗りの塗料を塗り重ねて行います。下塗塗料には、素地に良く密着するとともに、加えてある防錆顔料の作用で、多少とも侵入してくる水分の腐食作用を、抑制する特性が要求されます。

上塗塗料は、着色顔料によって美しい外観を与えるとともに、太陽光による分解に強いことが必要です。中塗塗料は、下塗りと上塗りを、良く接着させるために用います。中塗塗料、上塗塗料とも、水分や酸素の侵入を抑え、また、高い電気抵抗によって、腐食電池の作用を抑制することが必要です。

要点BOX

- 塗膜を作るのは乾性油か合成樹脂
- 塗膜の耐久性には素地調整が重要
- 水分、酸素の侵入防ぐ

塗装・有機ライニングを使用する分野

陸上構造物	橋梁、建築物、鉄骨、鉄塔、各種製造プラント
海洋構造物	海上橋、港湾、人工島、石油掘削リグ
土中構造物	パイプライン、ガス・水道管
タンク、貯蔵設備	石油・ガス・給水タンク、サイロ
輸送機器	船舶、鉄道車輌、自動車、航空機
家庭電化製品	冷蔵庫、洗濯機ほか
日用品	各種

塗装・有機ライニングに必要な性能

接着性 ※2

- **耐水性**：水道管、水タンクなどの内面
- **耐塩水性**：海洋構造物、港湾設備
- **電気防食性 ※3**：埋設・海底パイプライン外面、港湾・海洋構造物海中部
- **耐熱性**：給湯管、煙突
- **後加工性**：塗装鉄板（建材など）
- **耐候性 ※1**：屋外構造物全般
- **耐薬品性**：酸、アルカリ、ガスなどに触れる部分
- **耐衝撃性**：機械、車輌
- **耐傷付き性**：とくに自動車、屋根
- **耐汚染性 ※4**：とくに家電製品
- **美観性 ※5**：見える部材全般

※1　太陽光（紫外線）に対する安定性
※2　素地に良く接着する特性
※3　電気防食の電流の作用で剥離しない性質
※4　汚れにくさ
※5　色が多様で美しい塗装ができ、変色しない特性

15 めっきによる防食

主に亜鉛めっき

より優れた耐食性を持つ金属で、素地の金属を包むと、素地金属は防食されることになります。めっきはその手段です。しかし、塗装の場合と違って、めっきは金属であるため電流を流しますので、一つの重要な事柄に注目する必要があります。それは、めっき層のピンホール部、切断、穴あけなどの加工によるめっき欠損部、腐食によるめっき消失部など、素地の金属が部分的に環境に露出しているところ（めっきの不連続部）での、異種金属接触の影響です。

防食のためにめっきを施す金属のほとんどは鋼材ですから、ここでは素地が鋼（鉄）の場合を考えます。めっきの代表として、亜鉛めっきと銅めっきを取り上げましょう。

亜鉛めっきした鉄のめっきに不連続部があって、一部で鉄地が顔を出しているとします。この状態で、水などの腐食環境に浸しますと、亜鉛と鉄という異種金属の接触による電池ができます。

7で述べたことを思い出してください。この場合、亜鉛が㊀極、鉄が㊉極です。電流は、鉄→亜鉛→環境→鉄と流れます。亜鉛から環境へ電流が出ますから、亜鉛の腐食は促進されます。鉄には環境から電流が入りますが、12でちょっと述べたように、電流が入ることにより鉄は電気防食作用（18参照）を受けて、腐食は停止するか軽減されます。

銅は鉄に対し㊉極になりますから、腐食環境中で銅めっき面から鉄が露出していると、鉄の腐食が促進されます。

防食のためのめっきは、素地金属に対し㊀極となる金属でないと危険です。鉄に対し㊀極となる代表的な金属は、亜鉛です。このため、鋼材の防食に用いるめっきのほとんどは、亜鉛めっきです。アルミは塩分が多い環境では、鉄に対し㊀となります。そうでない環境ではあまり㊀になりませんが、アルミめっきした鉄も、ある程度使用されます。

要点BOX
- ●亜鉛は耐食性が良い
- ●素地が顔を出しても防食

亜鉛めっき鋼材の用途

建築構造物	工場建物、格納庫、倉庫、海岸地区の建物、スポーツ施設上屋、市場
土木構造物	橋梁、桟橋、落石防護柵、防雪柵、ガードレール、標識柱、照明柱
輸送機器	自動車（ボディー）、船舶（配管、外板、錨、鎖など）
電気·通信	送電鉄塔、無線鉄塔
鉄道	駅舎、線路周辺の設備（架線支持物、支柱、安全柵、階段、はしごなど多数）
その他	一部の家庭用品·設備

素地露出部の挙動

亜鉛めっきの場合

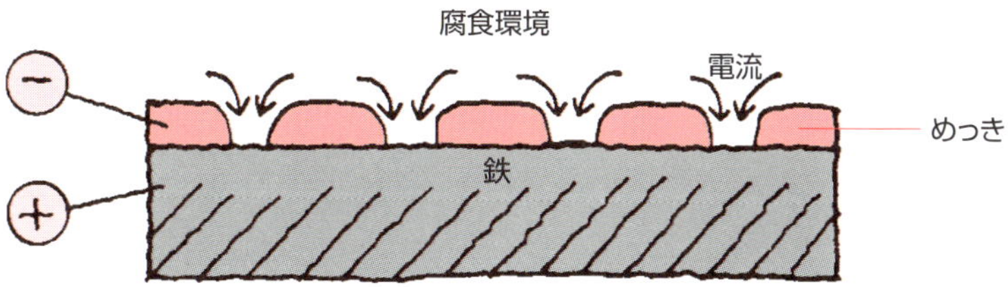

⊖ 極の亜鉛の腐食が促進され、⊕ 極の鉄素地は防食される

銅めっき、クロムめっきの場合

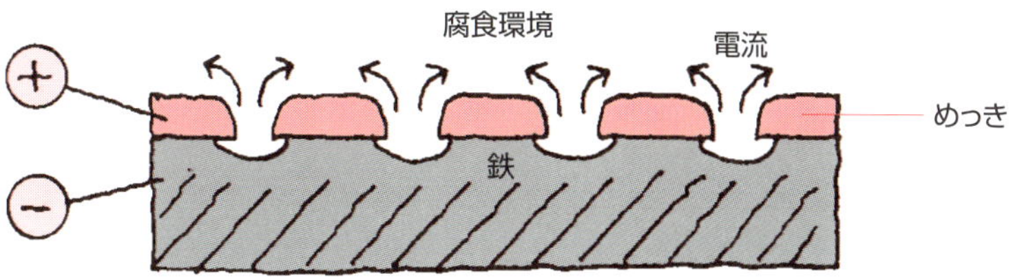

⊕ 極の銅やクロムの影響で、⊖ 極の鉄素地の腐食が促進される

16 環境から腐食性物質を除く

腐食性物質には、2つの種類があります。一つは腐食反応に直接加わる水、酸素、酸など、もう一つは、腐食の速度を高めたり、不動態皮膜を破壊して腐食を進行しやすくするなどの、腐食促進物質です。

大気中の腐食は、水と酸素によって進行し、海からの飛来塩分や、大気汚染物質である二酸化いおうなどによって、促進されます。腐食を防ぐには、これらの腐食反応物質や腐食促進物質を、除けばよいのです。

倉庫に保管中の金属素材や機械部品を発錆させないためには、湿気（水分）が付着しないよう、湿度を下げると効果的です。倉庫内の温度を上げると空気中の湿分は同じでも相対湿度が下がって、金属表面に水分が付着しにくくなります。空気を処理装置内で露点以下に冷却して、水分を除く方法もあります。博物館で出土品などを展示するケースの中は、空調機によって、温度20℃（293K）、相対湿度55％に保っているのがふつうです。

金属の加工工場では、夏になると湿度が高いうえ、海からの潮風が吹き込んで、さびやすいという例をよく聞きます。湿分を下げるのが良いのですが、潮風が吹き込むのを防ぐだけで、かなりの効果があります。鉄骨の家屋の床下の部分は、土からの湿気によって腐食しやすいので、床下を換気したり、地面にコンクリートを敷くことが、有効です。

石油精製工場の常圧蒸留塔の塔頂部では、原油中の不純物からできる酸が、装置を腐食させます。アミンのような中和剤で、酸を中和（除去）します。

ステンレスは塩化物イオンが存在すると、不動態皮膜が破壊されて、孔食、すきま腐食、応力腐食割れなどが起こりやすくなるので、塩化物イオンを極力低く抑えることが必要です。

発電所などのボイラでは、ボイラ水に含まれる酸素によって、ボイラ管の腐食が促進されますので、あらかじめ酸素を除いています。

要点BOX
- ●水や酸素が反応物質
- ●塩分や二酸化いおうが促進物質

腐食性物質除去の例

倉庫内の湿度を下げる

倉庫

展示棚の湿度を55％（20℃）に保つ

博物館展示用

給水の酸素を除く

ボイラ

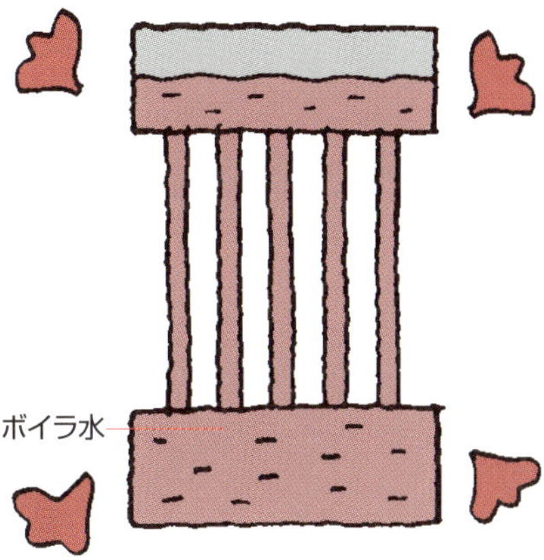

冷却水の塩化物イオン濃度を下げる

熱交換器

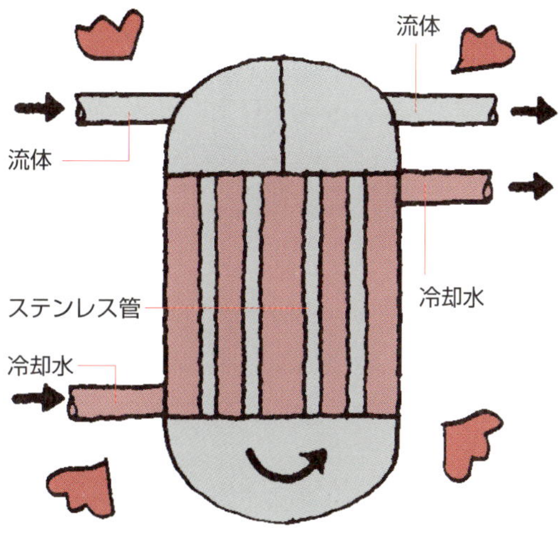

17 薬品（防食剤）を使う

金属の表面に防食皮膜を作る

　腐食性の環境に、防食剤とよばれる薬品を加えて、腐食を低減させる方法があります。防食剤は金属の表面に防食性のある皮膜を生成して、腐食を抑制するのです。

　皮膜の種類は、防食剤の種類によって、3種類に分かれます。すなわち、防食剤が金属表面に沈殿して作る皮膜、吸着して作る薄い皮膜、金属に作用して金属自体に作らせる不動態皮膜の3種類です。

　有効な防食剤が存在する対象は、限られます。また、少量の添加で有効である必要があります。例えば、化学プロセスの流体に大量の防食剤を加えると、目的とする製品の性質や純度に影響するかもしれません。低価格であることも必要です。大量に使えばもちろんのこと、少量でも安いとは限りません。

　さらに、環境や健康への配慮も必要です。例えば、環境に有害な防食剤を加えた水を水圧試験に使いますと、使用後の水は処理をしないと捨てられなくなります。水道管を防食するために、飲むと健康に有害な薬品を、水道水に加えるわけにはいきません。

　防食剤が有効に使われている対象の一つは、化学工場で使われる、開放系の循環冷却水です。化学プロセスで冷却に使われて温度が上がった水は、冷却塔や池で冷やされ、また使用されます。冷却水が接する配管や装置の防食のために、重合りん酸塩や、ホスホン酸塩とよばれる、りんを含む化合物が投入されます。クロム酸塩も有効なのですが、有毒であるため、ほとんど使われなくなっています。

　このほか、鋼材からミルスケールやさびを除くための酸洗い、石油の井戸、原油や天然ガスのパイプラインなどに防食剤がよく使われます。また、包装した機械部品などをさびさせないために、包装内に入れておくと、防虫剤のナフタリンのように気体となって包装内を満たして防食する、気化性防食剤とよばれるものが使われます。

要点BOX

- ●皮膜は3種類
- ●低価格、少量添加が必要条件
- ●環境、健康への配慮も必要

防食剤が作る皮膜

沈殿皮膜

例）冷却水に加えた重合りん酸塩系防食剤など。酸素を遮る

吸着皮膜

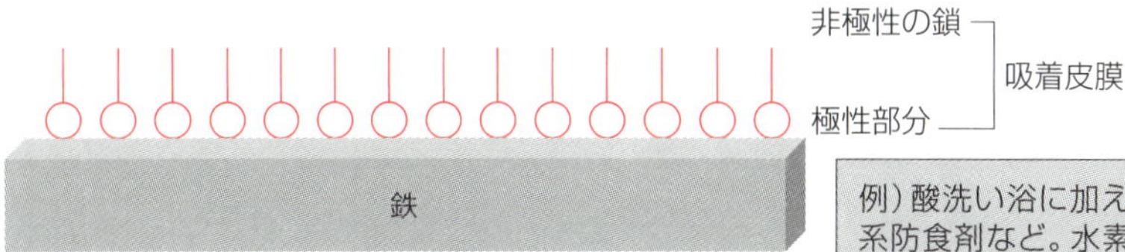

例）酸洗い浴に加えたアミン系防食剤など。水素イオンを電気的に反発し寄せつけない

不動態皮膜

例）不凍冷却水に加えた亜硝酸塩系防食剤など。鉄に不動態皮膜を生成させる

防食剤の主な利用分野

対象	抑制されるべき腐食
開放系循環冷却水配管	水腐食
密封系循環冷却水系統	水腐食
タンク、パイプライン水圧試験水	水腐食
酸洗い浴	酸腐食
油井管	二酸化炭素+塩水による腐食
原油・天然ガスパイプライン	二酸化炭素+塩水による腐食
原油常圧蒸留塔頂部	生成する酸による腐食
防錆油	混在水分による腐食
塗料（防錆顔料）	湿気による腐食
包装物	凝縮湿分による腐食

18 電流を流す

電気防食

4で説明したように、湿食が起こるのは、直流の電流が金属から環境へ流れ出すからです。その電流より大きな電流を環境から金属へ押し込み、ネットの電流が金属に流れこむようにすれば、腐食は停止します。それが電気防食とよばれる方法です。

電流を押し込むには、2つの方法があります。いま、海水をビーカに入れ、そこに鉄片を浸すと、腐食が始まります。まず、鉄でも何でもよいのですが、別の金属片を用意し、海水中に入れます。次に、電池や整流器などの直流電源の㊀極を防食すべき鉄片に、㊉極を金属片につなぎます。すると、電流は、直流電源→金属片→海水→鉄片→直流電源と流れ、鉄片に電流が流入します。配線に可変抵抗などを入れて電流の大きさを変え、防食に必要な大きさにします。このような方法を、外部電源法といいます。

もう一つの方法は、ビーカ中に亜鉛、マグネシウムなどの金属片を入れ、鉄片と電線でつなぐ方法です。亜鉛やマグネシウムが㊀極、鉄片が㊉極の電池ができ、電流は亜鉛(マグネシウム)→海水→鉄片→電線→亜鉛(マグネシウム)と流れ、鉄片に電流が流入します。鉄片に対する亜鉛などの表面積が相対的に大きいほど、流入電流は大きくなりますから、防食に必要な面積比を選びます。このような方法が、犠牲陽極法(流電陽極法)です。㊀極は犠牲となって腐食します。

電気防食法は、土中や海底のパイプラインや、護岸、海洋構造物などの海水に浸っている部位の防食に、広く使われます。空気は電流を流しませんので、大気中の構造物を、電気防食することはできません。

電流が流入する電極をカソード(陰極)、電流が流出する電極をアノード(陽極)とよびます。上に述べた電気防食法を、カソード防食法または陰極防食法とよぶのは、このためです。外部電源法で㊉極に使う金属や、犠牲陽極法で使う亜鉛などは、陽極です。電気防食法は鉄以外の金属にも可能です。

要点BOX
- ●腐食に打勝つ電流を環境から金属へ流す
- ●土中や海底のパイプライン、海洋構造物の防食に使う

電流を金属に押し込んで防食する（電気防食法）

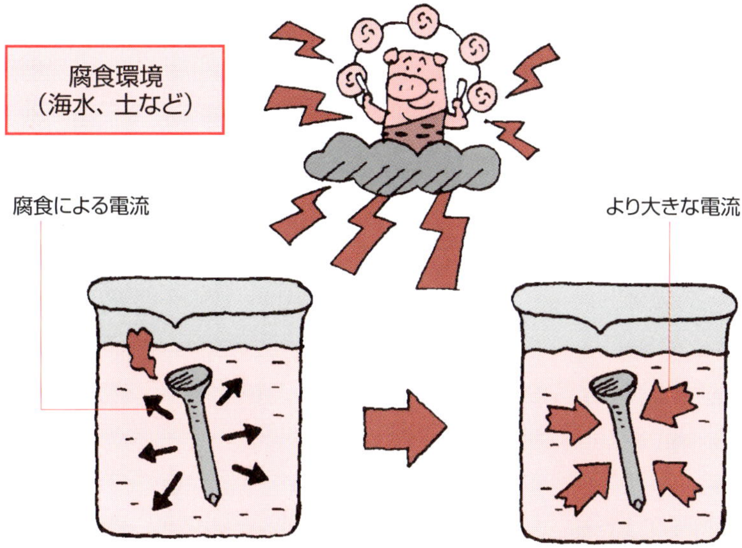

電気防食の方法

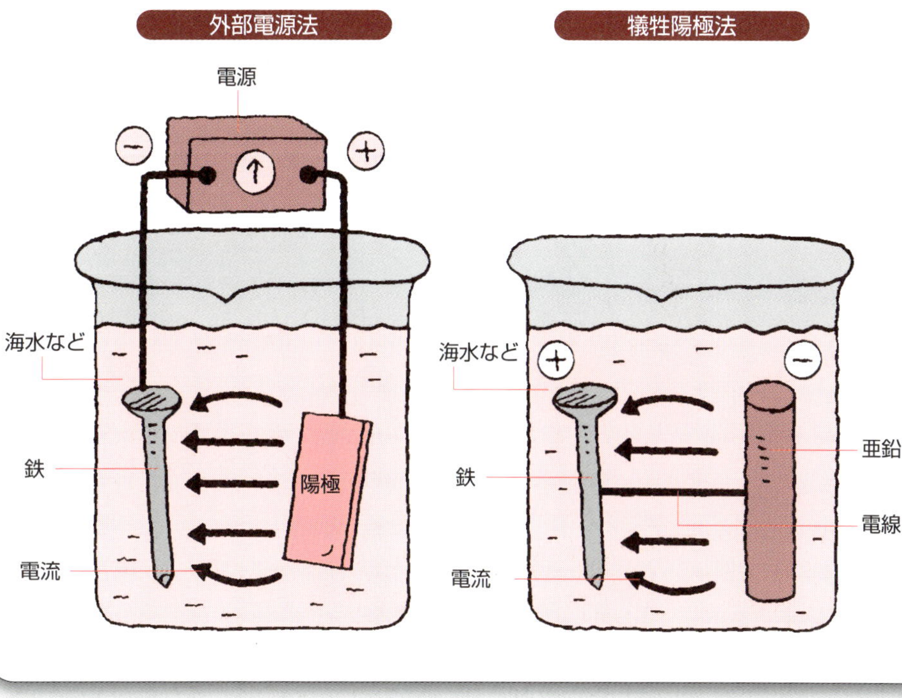

Column

出土品を腐食させない工夫

博物館へ行くと、発掘された鉄器などの金属が、陳列してあります。長い間、土の中にあったので、もちろん腐食していて、表面はさびだらけです。そのままにしておくともっとさびて、出土したときの姿が失われます。

16で述べましたが、わが国の博物館では、腐食が進まないよう、陳列ケースの中を20℃、湿度55%に保っています。だいたい臨界湿度（20参照）以下ですから、腐食は進まないはずです。しかし、付着している塩分によっては、この湿度でも吸湿するかもしれません。ですから、出土品から塩分を除く工夫がされます。

　この章を読んだ読者なら、もっと湿度を下げれば良い、と考えるかもしれません。しかし、さびが安定であるためには、さびの中に10%くらいの水分が必要なのです。湿度を下げて、からからに乾燥させると、出土品を覆っていたさびはぱさぱさになって、剥がれてきます。

　これではよい保存ではありません。そこで、55%という湿度を選んでいるのです。

博物館へ行ったら、陳列ケースの隅のほうを探してください。たいてい温湿度計が置いてあって、20℃、55%を指しています。55%がベストかどうかは、知りません。ボストン美術館で見たら、20℃、50%でした。

第 3 章

大気の中での腐食と防食

19 大気中でなぜ腐食が進むのか？

「ぬれ時間」が最大の要因

大気の中で起こる腐食を、大気腐食とよんでいます。風雨にさらされる屋外のほうが、屋内より腐食が大きいのがふつうです。

大気腐食はいろいろの金属に起こりますが、もっとも身近で目につきやすいのは、鉄（鋼）の腐食です。ここではまず、鉄の腐食を中心に考えることにします。

腐食を引き起こすのは、水と空気中の酸素です。水は雨、露、空気中の湿分などによって、与えられます。光った鉄片を屋外に放置しておくと、すぐにさびてきて、やがて、さびが全面を覆うようになります。そして、さびの層を通して腐食が進行し、さび層が厚くなるとともに、鉄片の厚さが失われていきます。

腐食によって、厚さが減っていく速さを左右する因子には気温、降雨量、湿度、飛来塩分量、二酸化いおう濃度などがあります。腐食反応を起こす水と酸素のうち、酸素は空気中にいくらでもありますが、水分の供給は比較的限られます。このため、腐食に十分な水分が表面に存在する合計時間、すなわち、「ぬれ時間」が腐食の最大の因子です。

ぬれ時間は、降雨時間、湿度やその変動などによって決まるため、気象庁から発表される、降雨量や平均湿度などのデータからは、知ることはできません。センサーなどを使って、実際に測定する必要があります。

屋外の大気腐食の速さは、地域によって大きく違います。わが国のように、比較的温暖な気象条件のもとでは、ぬれ時間の地域による変動の幅は、それほど大きくありません。地域による腐食の大きさの違いは、主に、飛来塩分量や二酸化いおう濃度の違いによってもたらされます。

腐食に対する大気の特性によって、飛来塩分量が多い臨海大気、二酸化いおうの多い工業大気、これらの少ない田園大気に分類しています。

要点BOX
- 工業地帯では二酸化いおうが促進
- 海岸では飛来塩分が促進
- 田園地域ではマイルド

腐食に影響するもの

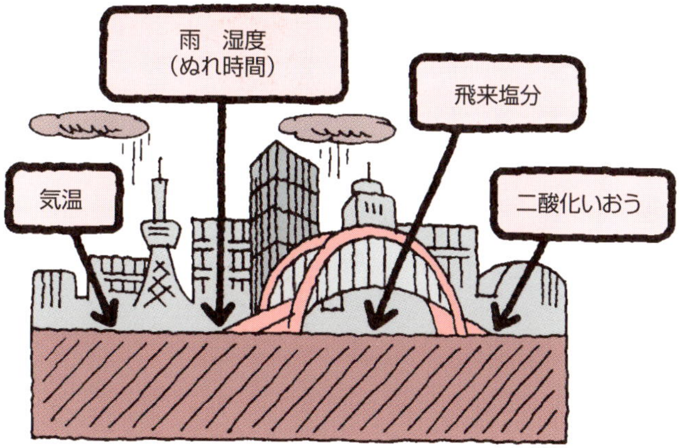

いろいろの因子が腐食の速さを決める

大気の種類が大きく影響

大気の特性によって三つに分類している

用語解説

飛来塩分：海水がごく細かい粒子（海塩粒子）となって、風に乗って内陸へ飛来することによる大気中の塩分。

20 見えない水もおそろしい

塩分やダストが水を呼ぶ

屋内の腐食が屋外よりも小さい最大の理由は、雨にぬれず、温度の変動が比較的小さいため、結露も生じにくいからです。ぬれ時間が短いのです。

結露が起こるのは、相対湿度が100%になるか、空気の湿度は100%でなくても金属の温度がまわりの空気より下がって、金属表面で100%となるときです。しかし、屋内でも屋外でも、温度が一定で、湿度が100%でなくても、金属に水分が付着できます。

光った鉄に、そのような水分が付着するようすを考えましょう。いま、鉄の表面に、塩分が付着したとします。潮風に吹かれたり、汗ばんだ手で触ったりした結果です。塩分には吸湿性があります。空気中の相対湿度がある程度高いと水を吸います。海水浴のあとシャワーを浴びないと、体がいつまでもじとじとしていたり、乾燥剤を入れないと食卓塩がべとべとしてくるのは、塩分の吸湿性のためです。鉄は吸湿によって与えられたわずかな水分で、十分腐食するのです。

吸湿が生じる相対湿度の下限は、塩類の種類と温度によって違います。20℃では、食塩で約78%です。海水に含まれる塩化マグネシウムは、下限の湿度が約34%と低く、吸湿しやすいのです。二酸化いおうも酸となって、吸湿作用を示します。

鉄の表面に水分をよび寄せるもう一つの原因は、ダストのような多孔質の物質が、付着することです。ダストが持つ小さな孔は毛細管に相当しますが、毛細管には、湿度が100%でなくても水が凝縮できるのです。直径が小さいほど、低い相対湿度で水が凝縮します。ダストと鉄の接触部も、同様に働きます。また、一部にさびが出ると、さびも毛細管の働きをします。「さびはさびをよぶ」といわれるのは、このためです。

塩分やダストの付着が平均的な場合、相対湿度が50～70%以上になると、水分をよんで腐食します。このような相対湿度の下限を、臨界湿度と言います。

要点BOX
- ●塩分は吸湿する
- ●ダストも水を呼ぶ
- ●50～70%以上の湿度で腐食

ある湿度（臨界湿度）以上になると腐食する

実験例　0.01%の二酸化いおうを含む空気中の鉄の場合

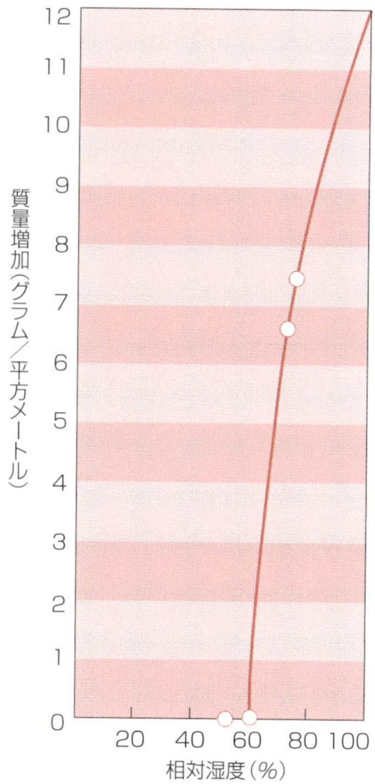

- この場合、相対湿度60%以上で腐食し、湿度とともに腐食が増大している。
- 縦軸はさびたまま測った質量。鉄よりさびのほうが重いので、腐食するにつれて質量は増える。

(W.Vernon:Trans Faraday Soc.**23**,113(1927)ほか)

表面の状態と臨界湿度

表面状況	臨界湿度(%) ※
清浄な空気中の清浄な表面	100
食塩付着表面	78
清浄な大気中でさびた表面	70
二酸化いおう汚染空気中の清浄な表面	65
食塩水中でさびた表面	55
塩化カルシウム付着表面	35

※概略の値

21 潮風や大気汚染 腐食を激しくする

飛来塩分と二酸化いおう

大気腐食の大きさを決める最大の因子はぬれ時間ですが、わが国ではぬれ時間の地域による変動の幅は比較的小さいので、地域による腐食の大きさの違いは、主に飛来塩分量や、二酸化いおう濃度の違いによると述べました。大気中での腐食反応は、水と酸素によって進行するのに、なぜ飛来塩分や二酸化いおうが腐食の大きさに影響するのでしょうか。

鉄の表面が、すっかりさびに覆われた状態で腐食反応が進むためには、水や酸素はさび層を通して、鉄地に到達しなければなりません。鉄のさび層の保護性は大きくないと、9で述べました。しかし、鉄のさび層にも保護性はあり、腐食をかなり低減しているのです。低減しても、まだ腐食は大きいということなのです。

飛来塩分や二酸化いおうは腐食反応を起こしませんが、さび層の保護性に大きく影響します。実際に影響するのは、飛来塩分からの塩化物イオン（Cl^-）や二酸化いおうからできる硫酸イオン（SO_4^{2-}）です。

ところで、大気中でかなり腐食した鉄のさびを除去しますと、表面には小さなピッチで、無数の凹凸ができています。凹部は凸部に比べ、腐食が大きかったところです。凸部がマクロ腐食電池の⊕極、凹部が⊖極として働いた結果です。大気中では表面の水がごくわずかなので、電流がごく近くにしか届かないため、ピッチが小さいのです。

Cl^-やSO_4^{2-}のような陰イオン（アニオン）は、マクロ腐食電池の電流が流れるとき、⊖極に集まります。腐食でできた凹部は、これらのイオンが集まっていたところです。こういうところをネスト（巣）とよんでいます。

このようなネストの部分を覆うさび層の保護性は、非常に劣ります。海浜では飛来塩分量が多いほど、工業地域では二酸化いおう濃度が高いほど多くのネストができ、それだけ腐食を大きくするのです。

要点BOX
- ●鉄のさび層にも保護性はある
- ●塩分と二酸化いおうは保護性を損なう
- ●その原因は陰イオンが集まるネストの生成

臨海大気や工業大気は腐食を促進する

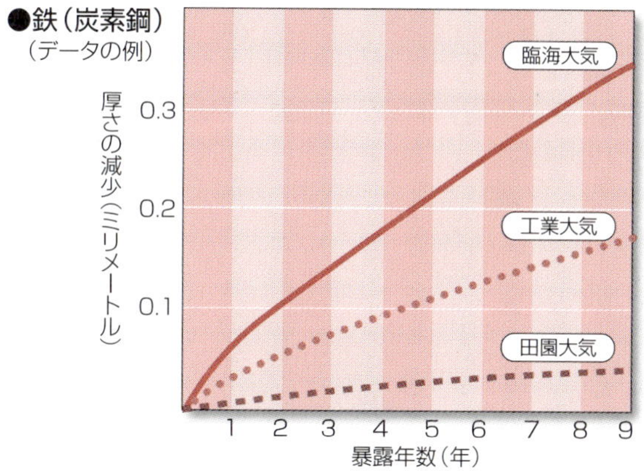

ネストが増えると腐食は大きい

ネストの分布（表面）

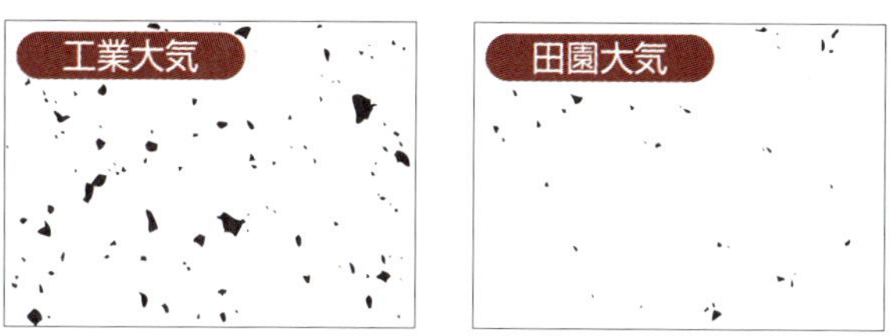

臨海大気や工業大気では
ネストが増える
（ほぼ原寸大）

22 大気腐食で鉄はどれくらい減るか

地域によって何倍も違う

屋外の大気中で、鉄がどれくらい腐食するかを求めるには、大気暴露試験を行います。地面から1～2メートルの高さに30度傾斜した上面を持つ台を屋外に設置し、この上面に、はがきくらいの大きさで数ミリメートルの厚さの鉄片を、合成樹脂製のボルトなどで固定します。

試験片は最初の重さ（質量）を計っておき、ある年数が経ったら回収してさびを除去し、残っている金属分の重さを計ります。例えば、1、3、5、7、10年経つごとに行います。この重さを最初の重さから差し引くと、腐食で減った重さが分かります。これを、腐食量とか腐食減量とよびます。ふつう、試験片の面積で腐食量を割って、例えば、1平方センチメートルあたりの腐食量として示します。面積が異なる試験片を使って、別のとき、あるいは別の場所で試験した結果を、比較できるようにするためです。また、その金属の比重（密度）を使えば、平均的な厚さの減少に換算できます。

21に示した図は、こうして求めたものです。このような大気暴露試験は、世界中で行われてきました。もっとも大規模なものは、ISOの委員会が主催して、世界12カ国、49カ所で、鉄（炭素鋼）、銅および亜鉛について約8年間、ほぼ同時に実施したものです。日本も参加して、銚子、東京、沖縄の3カ所で試験しました。もちろん、これ以外にも、日本各地で多数の試験結果が求められています。

鉄は何も防食しないと、どれくらい腐食するのでしょうか。腐食量は、臨海大気、工業大気、田園大気のどれであるかによって違いますし、同じ区分の大気でも、飛来塩分量や二酸化いおうの濃度によって違いますが、おおざっぱにいうと、最初の10年間の腐食による厚さの減少は、次のようです。

臨海地帯（臨海大気）0・3～0・8ミリメートル
工業地帯（工業大気）0・1～0・5ミリメートル
田園地帯（田園大気）0・05～0・2ミリメートル

要点BOX
- **腐食の大きさは臨海地帯＞工業地帯＞田園地帯**
- **大気暴露試験は世界中で行われる**

腐食量の求め方

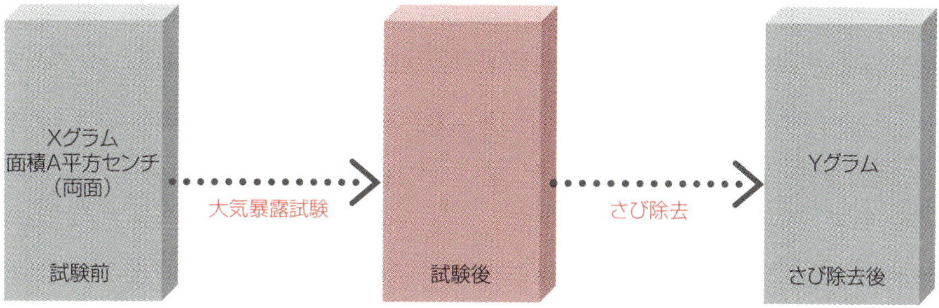

1平方センチメートルあたりの腐食量(W)

$$\frac{(X - Y)}{A}$$ グラム

比重=dとすると片面からの厚さの減少(t)

$$\frac{10W}{d}$$ ミリメートル

大気暴露試験の状況

地面から1～2メートルの高さに30度傾斜した上面を持つ台を屋外に設置し、この上面にはがき大で数ミリ厚さの試験片を固定。

23 大気中の鉄の腐食を防ぐには

塗装と亜鉛めっきがほとんど

大気中でいちばんよく使われ、いちばん腐食が問題になるのは鉄です。そして、鉄の防食に使われるのは、主に塗装とめっきです。

橋、横断歩道、鉄柱など、塗装してある鉄製の構造物を、多数見かけます。圧倒的によく使われているのは、フタル酸樹脂塗料とよばれる塗料です。フタル酸樹脂とは、無水フタル酸という有機物の酸と、アルコールの一種であるグリセリンを反応させて作った合成樹脂ですが、これだけでは塗料になりませんので、かなりの量の油を加えて塗料にします。

まず、素地調整を行い、下塗りとして、さび止め塗料を塗ります。多くは、油性塗料に防錆顔料を加えたものです。この上にフタル酸樹脂塗料を、1～2層塗ります。フタル酸樹脂塗料は太陽の光で劣化しにくく、良い色を保ち、塗りやすいという優れた塗料であるうえ安いので、使用が多いのです。ただし、二酸化いおうなどの作用には、強くありません。田園大気中ではかなりもちますが、工業大気や臨海大気中での塗替えまでの寿命は、数年以内です。

塗装にはかなりのお金がかかります。全体の費用のうち塗料のコストは1～2割ですが、素地調整、足場、塗装作業などが高いのです。ですから、もっと高級で耐久性の良い塗料をしっかり塗って、塗替えまでの期間を長くすることが得策です。とくに、腐食性が厳しい環境では重要です。このため、海上の長大橋など耐久性が大切な構造物では、エポキシ樹脂塗料の下塗りとふっ素樹脂塗料やポリウレタン樹脂塗料の中塗り、上塗りを使うなどの塗装が行われます。

大気中の鉄に使うめっきは、亜鉛めっきです。屋根、鉄柱、鉄骨、鉄塔などに使われます。15で述べたように良い耐食性を示しますが、塗装して使われることも多数あります。実は、亜鉛は鉄に比べ、塗料の接着性が良くありません。下塗りには、亜鉛めっきに適した特殊な塗料が必要です。

要点BOX

- よく使われるフタル酸樹脂塗料
- 厳しい環境ではふっ素樹脂塗料やポリウレタン樹脂塗料
- 亜鉛めっきプラス塗装も

塗装はどれくらいもつか

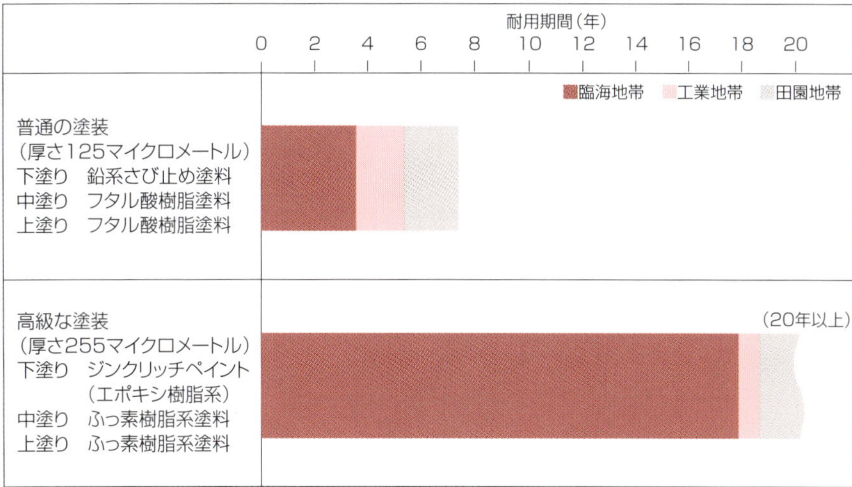

塗装の注意点

- 素地調整が非常に重要
  - 耐久性の最大の因子
- 塗替えコストが大きい
  - 足場・素地調整・塗料・塗装作業
- 塗装技能者が不足
  - 塗装は3K作業 きつい・汚い・危険
- 環境問題に注意
  - サンドブラスト　塵肺
  - 鉛入り下塗り（多い）　鉛中毒
  - シンナー　光化学スモッグ・オゾン層破壊

用語解説

ジンクリッチペイント：亜鉛の粉末を多量に含む塗料。亜鉛めっきに似た防食機能を持ち、多くの合成樹脂塗料の下塗りに使う。

24 鉄自体を大気に強くできないか

さびの保護能力を高める（耐候性鋼）

ステンレス、亜鉛、銅など、多くの金属が大気中で良い耐食性を持っているのに対し、鉄は表面にできる皮膜、つまりさびが下地をあまり保護しないので、かなりの速さで腐食が進みます（9参照）。

大気中の鉄のさびにも、ある程度の保護作用があることは、21で述べました。ただ、その能力が小さいのです。さびの保護能力をもっと大きくできないでしょうか。実はできるのです。

ふつうの鉄を、ここでは炭素鋼とよびましょう。炭素鋼にほかの元素を少量加えて合金としたものを、低合金鋼といいます。例えば、炭素鋼に0・3%くらいの銅と、0・6%くらいのクロムを加えた低合金鋼の大気腐食は、炭素鋼に比べて1/2～1/4と小さいのです。同時にりんを加えると有効なのですが、溶接に悪影響があるので、用途が限定されるようになります。

このような低合金鋼を耐候性鋼とよび、JIS規格にも入っています。耐候性鋼には、塗装はいりません。そのまま大気中の構造物として使うと、数年ないし10年以内に保護性のある、素地に密着したさび層が育って、それ以降の腐食は小さくなります。腐食量は最初の50年で、0・3ミリメートル以下です。そのうえ、さび層は美しい暗褐色になります。

ただし、使う地域と使い方に、制限があります。飛来塩分量が多い地域では、保護性の良いさび層はできませんので、海からある程度離れていなければなりません。必要な最小の離岸距離は、太平洋沿岸で2キロ、日本海沿岸で地域により5キロか20キロ、瀬戸内海沿岸で1キロです。適切な地域においても、水はけの良い形の構造とすることが重要です。

耐候性鋼は、建築、土木、産業機械などの分野で使われますが、多いのは橋梁です。1980年頃から、鋼橋の塗装、塗替えの費用の負担が大変となったため使われはじめ、最近では、新設される鋼橋の1～2割において、橋桁に無塗装で使われています。

要点BOX
- ●大気腐食は炭素鋼の1/2～1/4
- ●耐候性鋼には塗装不要
- ●橋に多く使われる

鉄も大気に強くできる

●耐候性鋼
- ふつうの鋼（炭素鋼）に銅やクロムを少々加えた鋼
- 大気中の腐食はずっと小さくなる
- 臨海地域では不十分

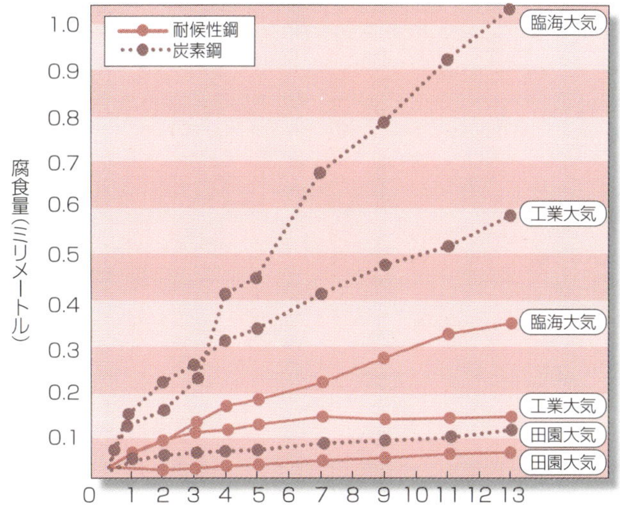

（日本鉄鋼連盟資料）

耐候性鋼は塗装しなくて大丈夫

美しい暗褐色のさび層ができたあとは腐食の進み方が小さくなる

25 大気に強い金属

銅、亜鉛、アルミ、ステンレス

銅はお寺の屋根や銅像などに、昔から使われてきました。二酸化いおうを含む都市や工業地帯、潮風が吹く海岸に近い地域では、銅のさびである、緑青に覆われます。主な成分は、塩基性硫酸銅です。

緑青の下には亜酸化銅の皮膜があって、耐食性に役立っています。二酸化いおうなどのない田園大気では緑青はできませんが、亜酸化銅が耐食性を与えます。熱帯の臨海地域や、酸性雨が影響する地域以外では、銅の腐食は、1年に0・5〜1・3マイクロメートルと小さいのです。

亜鉛の腐食の速さは、田園大気では1年に1マイクロメートル以下です。臨海大気や工業大気ではその数倍以内で増大しますが、良い耐食性です。亜鉛は、鉄のめっきとして使われます。薄い鉄板の場合、めっきの厚さは20マイクロメートル弱がふつうですから、塗装がなければ、亜鉛が腐食して鉄さびが出るまでの期間は、厳しい環境では数年、田園大気では10年以上です。

アルミは全面的にはほとんど腐食せず、臨海大気や工業大気でも1年に1マイクロメートル以下、田園大気では0・1マイクロメートル以下の速度ですが、臨海大気や工業大気中では長期の間に点々と小さな孔食を生じ、深い場合には0・1ミリメートル程度になります。このため屋根やサッシには、製造時に人工的に電流を与えて酸化物皮膜を付け（陽極酸化皮膜）、薄い塗装をするなどの、表面処理を行うのがふつうです。

ステンレスも全面的な腐食による厚さの減少は問題となりませんが、SUS 304などのふつうのステンレスは、海からの飛来塩分が付着するとさびます。とくに雨に洗われず、汚れやごみが付着堆積するようなところは、よくさびます。また、工場の排ガスや火山、温泉からの酸の付着も、さびの原因になります。

表面を定期的に洗って清浄に保てばよいのですが、できない場合は、塗装ステンレスや、クロムが多く、モリブデンを含む高耐食性のステンレスを使います。

要点BOX

- どれにも弱点がある
- 亜鉛めっきはめっきが厚いほどもつ
- アルミには表面処理を
- 海岸ではステンレスもさびが心配

大気に強い銅、亜鉛、アルミ、ステンレス

金属	1年に減る厚さ	参考
銅	0.5〜1.3マイクロメートル	地域によって緑青ができる
亜鉛	1〜数マイクロメートル以下	めっきに使う
アルミ	0.1〜1マイクロメートル以下	厳しい環境では浅い孔食
ステンレス	ほとんど減らない	厳しい環境では多少さびる

（1マイクロメートルは1000分の1ミリメートル）

風雨に耐えているニコライ堂の銅屋根

26 酸性雨は大敵

目立つのは銅像の腐食

屋外の銅像に雨の流れる経路に沿って、線状の跡が付いているのをよく見かけます。これは酸性雨の影響です。緑青が変質したために付くのですが、下地の銅が腐食で食われています。銅の屋根も、酸性雨の被害を受けています。

ふつうの雨のpHは、5・6のはずです。やや酸性なのは、空気中の二酸化炭素が溶けているからです。二酸化いおうや酸化窒素などの酸性の大気汚染物質が雨に溶け込むと、pHはもっと下がります。これが酸性雨です。火山ガスの影響で、酸性雨となることもあります。環境庁が平成の初めに調べた結果では、pHは年平均で4・4（新潟）～5・9（宇部）、全国平均は4・9でした。降り始めの雨のpHはもっと低く、しばしば3～4、ときには3以下となります。

亜鉛めっきについても、酸性雨による腐食の促進が、報告されています。例えば、米国の東部は西部より雨のpHが低く、亜鉛めっきの屋根の寿命が短いのです。

北米やカナダの、酸性雨で知られる地域で、モータープールに並べられていた新車のアクリルメラミン系の塗膜に、染みができた例があります。

ふつうの鉄（炭素鋼）は、どうなのでしょうか。鉄は塗装や亜鉛めっきなしで使うことはほとんどありませんので、今のところ、酸性雨の被害は顕在化していません。

以前、わが国の工業地帯で大気汚染が激しかった頃、大気中に含まれる二酸化いおうの作用で、塗装などをしない鉄の腐食は非常に大きいものでした。

近年、環境対策が進み、大気汚染は非常に改善されました。しかし、地上の大気は汚染がなくても、大陸から運ばれてくる上空の汚染物質によって、強い酸性雨が降る地域が、日本海沿岸にあります。試験結果によると、大気は清浄でも酸性雨が降れば、鉄の腐食はかなり促進されるようです。

要点BOX
- ●大気汚染物質が雨に溶け込むとpHが下がる
- ●亜鉛めっきや鉄の腐食も促進
- ●新車の塗膜に染みができた例も

銅像は酸性雨の影響が大きい

大村益次郎像（靖国神社）
雨の流れに沿ってすじが見える

鎌倉の大仏
変色している

鉄の腐食も促進される

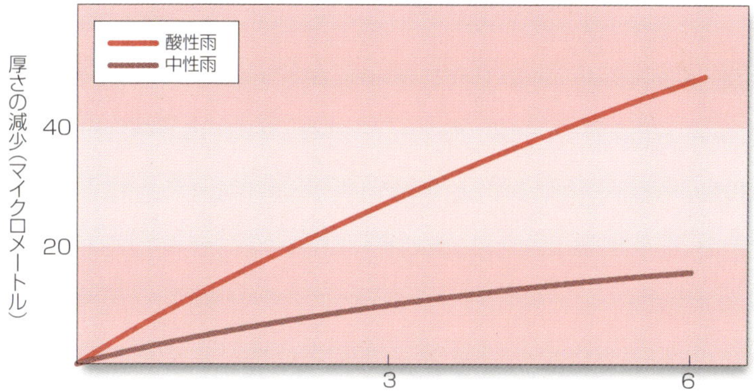

（人工酸性雨と人工中性雨を毎週2回かけた実験）

Column

ネストを退治するには

二酸化いおうや飛来塩分のある大気中で鉄が腐食するとき、硫酸イオンや塩化物イオンが、鉄表面の腐食でできた小さな凹部に集まってネストを作り、腐食を促進すると21で述べました。

塗装してあっても、塗膜が駄目になって鉄地が腐食しますと、大気の環境しだいで、やはりネストができます。塗装し直そうというので、ワイアブラシやブラスト法（14参照）でさびを除いても、凹部にあるネストのイオンは、容易に取れません。その上から塗装しても、ネストの部分では、すぐ駄目になります。

英国のケンブリッジ大学に、有名な博物館があります。第二次世界大戦中の1939年、所蔵品を空襲から守るため、これらをおがくずと一緒に箱に詰めて、疎開させました。

この中には緑青に覆われた青銅の遺物や古美術品があったのですが、戦争が終わってもとの陳列棚に戻したところ、虫食い状の腐食が起こりました。いくら洗っても、また腐食します。おがくずから出たさく酸の陰イオンがあちこちに潜り込んで、ネストを作ったのです。

この大学にえらい先生がいて、「いくら洗っても、その水で腐食が進むとき、陰イオンは⊖極であるネストにしがみつくから駄目だ」と考えました。そこで、尖った細い亜鉛の棒を持ってきて、ネスト一つずつに押しつけながら洗いました。ぬらしたために腐食が進むとき、亜鉛を⊖極、青銅を⊕極とする異種金属接触による電池ができます。亜鉛が腐食しますから、ネストの中の陰イオンは、亜鉛のほうへ出てきて、洗い流されます。こうして問題は解決しました。

しかし、大きなさびた鉄板に、こんな手間がかかる処理はできません。強い水流をかけながらブラストすると、陰イオンはまあまあ取れます。それも大変ですから、さびさせないことが、いちばんです。

第 4 章

水の中での腐食と防食

27 水の中でなぜ腐食するのか？

水と水に溶けた酸素の作用

水中の鉄の腐食は、水と水に溶けている酸素によって進みます。水はいっぱいあるのに対し、酸素の量はあまり多くありません。空気が十分溶けているときでも、酸素の濃度は、常温で約8ppm（1リットルの水に8ミリグラムの酸素。体積で約6ミリリットル）くらいです。水道水、河川水、沼沢の水など多くの水は、この状態です。

鉄の表面付近の酸素が腐食に使われるのにつれて、これを補給するために、酸素は沖合から表面へと、水中をやってきます。これは拡散という現象です。

鉄の表面に供給される酸素の量を、酸素の供給速度とよぶことにします。1平方センチメートルの鉄表面に1秒間に供給される量、と定義しましょう。空気が十分溶けているときでも、常温の静止した水中での供給速度は大変遅く、100万分の2ミリグラム程度なのです。腐食が始まると、表面を覆うさびが酸素の供給の邪魔をするので、実際に鉄金属の表面に到達する酸素は、その数分の1になります。

酸素の供給速度が低いので、供給されるだけの酸素を、鉄がただちに腐食に使ってしまうという状況です。ですから、酸素の供給速度によって、腐食の速度が決まります。さびの製造工場があって、さび製造設備の能力よりも、ずっと少ししか酸素という原料が入ってこないので、原料の入荷量しだいで、さびの生産量が決まるということです。

空気が十分溶けている、静止した常温の水中に浸した鉄は、上で述べたような状況で腐食しますが、その速さは、1年に0・1ミリメートルくらいです。さびが拡がるまでの数日は、酸素の供給が妨げられないので数倍の速さですが、それ以降の速さはほぼ一定です。鉄のさび層はあまり下地を保護しません。21で述べたように、大気中では比較的保護能力があるのに対し、水中ではごくわずかなのです。水中では、耐候性鋼の腐食は炭素鋼と変わりません。

要点BOX

- ●鉄は酸素が供給される分だけ腐食する
- ●鉄を水につけておくと1年に0.1ミリくらい減る
- ●耐候性鋼も水中ではメリットなし

水の中の鉄の腐食のようす

鉄さび製造工場の操業

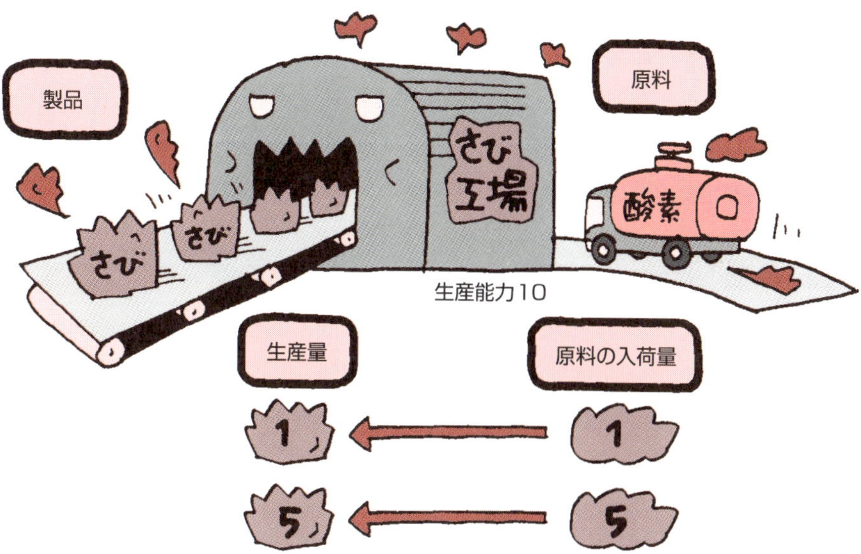

原料の入荷量が生産能力より少ないので、入荷した原料はすべて製品になる。原料の入荷量が生産能力より大きくなったときについては28参照。

28 流速と温度の影響

酸素供給量を変える

流速や温度が一定であれば、酸素の供給速度は、溶けている酸素の濃度によって決まります。ですから、一部の汚れた河川水のように、酸素を消費する有機物を含む水や、ボイラに供給する水のように、人工的に酸素を除いた水では、鉄への酸素の供給速度は低く、腐食も遅くなります。酸素の濃度がゼロであれば、常温では、鉄はまったく腐食しません。

酸素濃度が一定の水でも、水が流れていますと、鉄表面への供給速度は高くなります。流速が上がるほど大きいのです。このため、水の流速が上がるとともに、鉄の腐食も速くなります。

これには限度があります。27で述べた、さびの製造工場を考えましょう。原料の酸素がどんどん入荷して、生産能力の限界を超えますと、原料は余ります。そして余った原料が邪魔になって、生産量は低下します。腐食の場合、流速がある程度大きくなり、鉄表面付近で酸素が余るようになると、余った酸素が鉄表面に特殊な酸化物の皮膜を作って、鉄が溶けるのを妨げます。この皮膜は、ステンレスの皮膜と同類の、不動態皮膜です。

したがって、ある流速以上では、腐食の速度は低下します。そのような流速は水質にもよりますが、常温のふつうの水では、1秒に数十センチメートルくらいです。塩化物イオンの濃度が高いと、腐食が低下する流速は高く、皮膜ができてからの腐食も速いのです。

水の温度が上がると、酸素の拡散速度は増大します。しかし、外に開放されている水では、温度の上昇につれて酸素が追い出され、濃度が低下します。これらの、酸素の供給速度を増大させる作用と減少させる作用の総合結果として、約80℃までは腐食速度は増大していき、それ以上では低下します。

水が完全に密封されていて、酸素が逃げないときは、腐食速度は温度の上昇とともに、大きくなっていきます。

要点BOX

- 水が流れると酸素の供給量は増える
- 温度が上がると酸素の移動は速いが濃度は下がる
- ある流速、ある温度で鉄の腐食は最大となる

流速が速くなって酸素の供給が限度を越すと

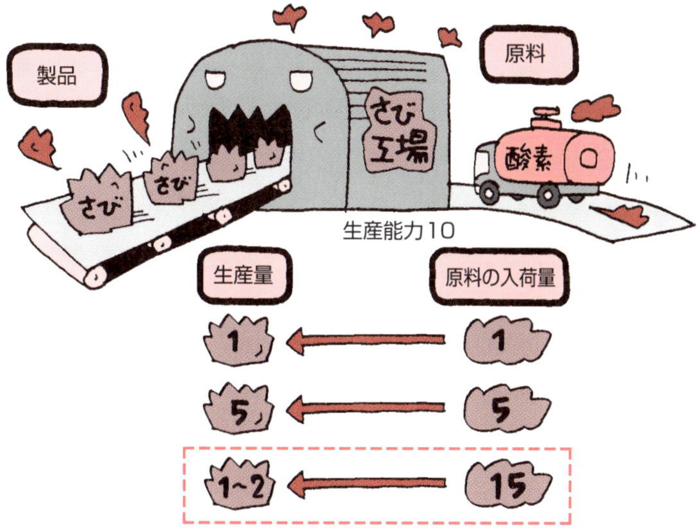

生産能力以上の原料がくると生産量は低くなる。余った原料（酸素）が生産（腐食）の邪魔をする不動態皮膜を作る

流れている水

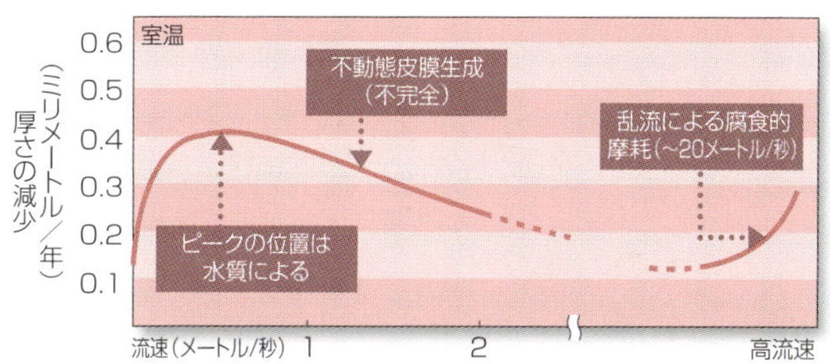

温度の高い水（静止の水）

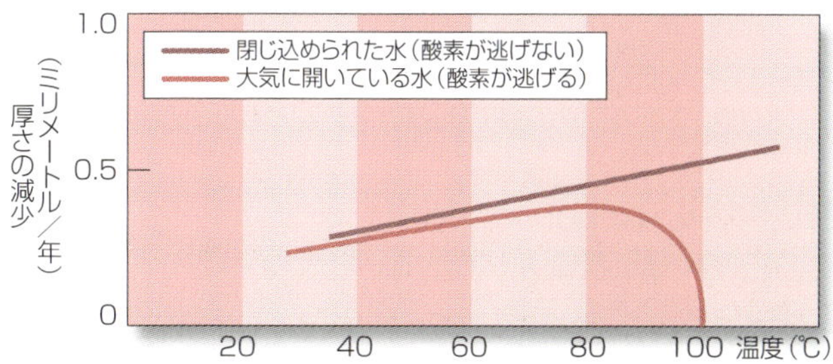

29 東京の水はパリの水より腐食性が大きい

硬水は腐食を抑える

地球上にある水の源は、すべて雨や雪です。雨は大気中の水蒸気が水滴になったものですから、蒸留水です。溶けているのは、空気、潮風からの塩分、および二酸化いおうのような大気汚染物質などです。

雨は地表に降り、地中にしみこんだり、川となって流れたりしますが、この間に地球上の鉱物と触れ、ある程度溶かします。なかでも腐食に重要なのは、水に溶けている二酸化炭素が、石灰岩（炭酸カルシウムが主成分）を溶かす作用です。

炭酸カルシウムを多く溶かした水は、いわゆる硬水です。pHや温度などほかの条件にもよりますが、硬水に触れている金属の表面には、炭酸カルシウムの皮膜が付着しやすいのです。金属表面の炭酸カルシウムの皮膜は、水中の酸素が金属に供給されるのを、非常に妨げます。腐食させにくくするのです。

わが国の国土は幅が狭く、急峻です。降った雨はかなりの急流となって、数日以内に海に出てしまうため、地表と触れている時間は長くはありません。そのうえ、火山国であるため、石灰石も少ないのです。したがって、わが国の河川の水は、すべて軟水です。河川から取水した常温の水道水や工業用水は、金属表面に炭酸カルシウムの皮膜を作れません。

一方、ヨーロッパの国々は平野が広く、河川はゆっくり、長距離を流れます。また、地質的にも石灰岩も多いのです。セーヌ川、テムズ川、ドナウ川など、多くの河川の水は硬水です。このため、例えばパリの水道配管には、炭酸カルシウムの皮膜が付着し、腐食を抑制します。東京に限らず、日本の水道水では皮膜はできないので、これより腐食の速さは高いのです。

日本でも一部の井戸水は、土の中の生物の影響で二酸化炭素が多く、かなりの石灰岩を溶かしており、硬水です。北米では地質の関係で、東海岸では軟水、中西部では硬水、西海岸ではいろいろです。

要点BOX
- ●石灰岩を多く溶かした水は硬水
- ●硬水は金属表面に炭酸カルシウムの皮膜を作る
- ●この皮膜は腐食を抑える

降った雨は鉱物に触れて硬度を増す

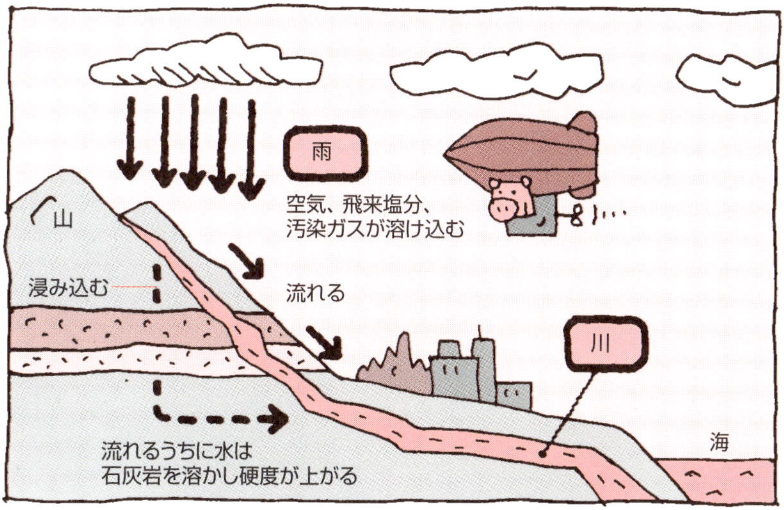

硬度の高い水では

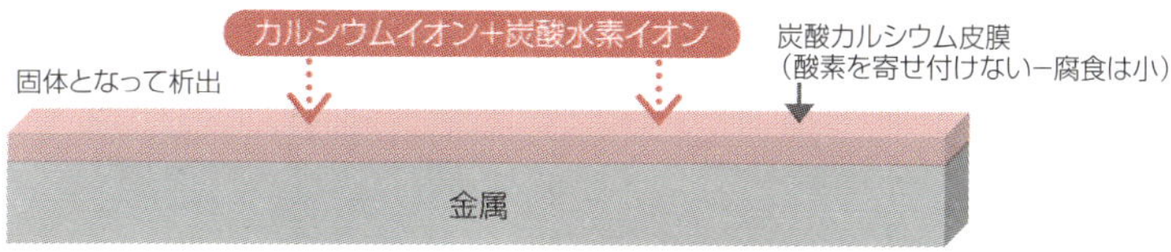

皮膜を作る水	テムズ川、セーヌ川、ドナウ川、ナイル川、チグリス川、コロラド川、ミズーリ川、ミシガン湖、日本の一部の井戸水
皮膜を作らない水	日本のすべての川、アマゾン川、エリー湖、オハイオ川、オタワ川、インダス川

30 水配管に穴があく理由

水中の酸素が鉄の表面に均一に供給され、それに見合った腐食が均一に起こるとき、つまり、ミクロ腐食電池だけが働いているときは、腐食はそれほど速くありません。常温で水が静止していれば、1年間に生じる肉厚の減少は、0・1ミリメートルくらいです。この速さは流速があると高くなりますが、最大で数倍以内です。

水配管のふつうの流速では、鉄に不動態皮膜ができるはずです(28参照)。しかし、実際には、流速が遅くなったり停止したりするので、腐食が生じます。そのときできるさびが、次に流速が上がっても不動態皮膜の生成を多少とも妨げますので、水配管は腐食します。しかし、均一に腐食する限り、肉厚の減少はそれほど大きくありません。水質や流れの状況にもよりますので、配管が均一に腐食するときの速さを推定することは難しいですが、1年に0・05〜0・2ミリメートルといったところでしょう。

しかし、水配管にはマクロ腐食電池が作用して、局部的に速い腐食が進むことが多いのです。その一つは、8で述べたさびこぶの生成に伴う孔食です。ふつうの鋼管や、亜鉛が腐食で損耗した亜鉛めっき鋼管にできます。さびこぶは鉄バクテリアが作用するときにできやすいのですが、そうでなくてもできます。しかし、その生成を予測することは困難です。さびこぶ下の孔食の進行は比較的遅く、水道管の場合、速くても1年に0・3ミリメートル程度です。

もう一つは、電縫溶接で製造した鋼管の、溶接部の選択腐食(みぞ状腐食)です。溶接部は加熱されたのち急速に冷却されますので、加熱されなかった他の部分(母材)と材質が異なり、溶接部を㊀極、他の部分を㊉極とするマクロ腐食電池を作りやすいのです。溶接部のみぞ状腐食の速度は速く、1年に1ミリメートルくらい進むことはしばしばで、極端なときには10ミリメートルに近いこともあります。

要点BOX
- ●さびこぶの生成に伴う孔食
- ●溶接部の選択腐食

さびこぶの下で穴があく

水道管のさびこぶ（さびこぶの下がえぐれる。8参照）

配管の溶接部分がえぐれる（電縫鋼管の場合）

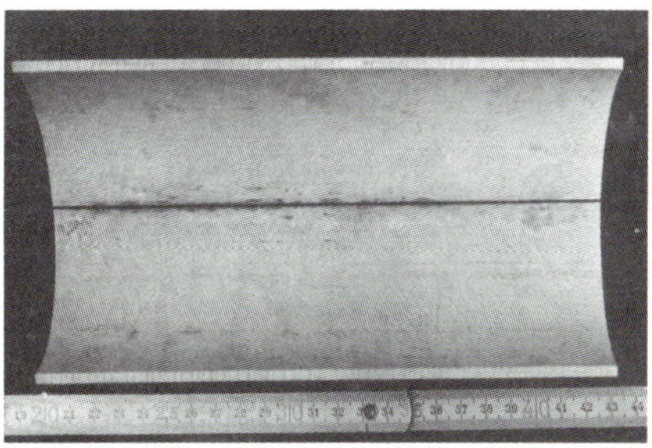

水道管の溶接部の選択腐食
（溶接線に沿って一直線に腐食している）

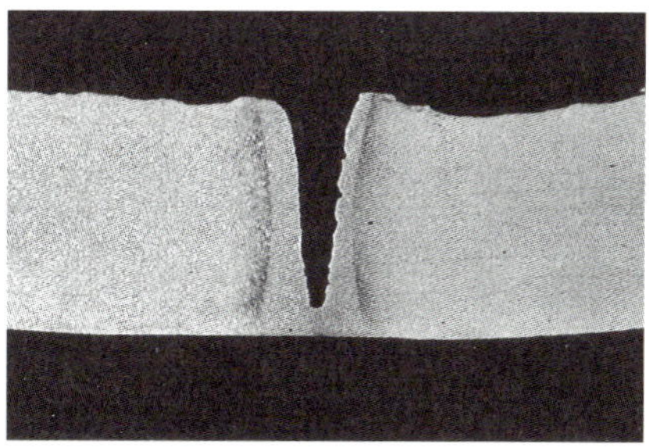

腐食部の断面（V字に深くえぐれている）

用語解説

電縫鋼管：帯状の薄い鋼板を丸めて鋼管の形にし、合わせ目を電気抵抗溶接で溶接して製造した鋼管。溶接部だけが加熱される。これに対し鍛接鋼管は、加熱してから丸めた鋼板の合わせ目を、圧着して製造する。みぞ状腐食は起こらない。

鉄バクテリア：腐食で生じた2価の鉄イオン（Fe^{2+}）を3価のイオン（Fe^{3+}）に酸化して、かさの高いさびとして鉄の表面に固着させるバクテリア。

31 水による腐食を防ぐには

塗装やライニングが有効

水を入れるタンクやプール、ダムの水門など、大型の鉄製構造物の防食に使われるのは、何といっても塗装です。耐水性が重要なので、エポキシ樹脂系の塗料が適しています。

以前から、エポキシ樹脂にタールピッチや膨潤炭を配合した、タールエポキシ樹脂塗料が、多用されてきました。例えば0・6ミリメートルといった、厚い塗装が用いられます。ただし、色は黒に限られますので、美観を必要としない用途に使います。タールの代わりに、石油樹脂や白色タールを配合した変性エポキシ樹脂塗料なら、ある程度着色できます。

厚塗りのタールエポキシ樹脂塗料には、良い防食性能があります。以前は水道本管の内面にも用いられたのですが、タールが発がん性物質であるため、最近は使われません。飲料水に接するタンクや配管には、エポキシ樹脂塗料を用います。

亜鉛めっきは、一部の貯水タンクなどにも用いられますが、多いのは水配管です。ただし最近は、耐食性能その他の理由で、亜鉛めっき鋼管を水道用には使いません。

ビル、住宅内の水道用には、プラスチックの配管が増えましたが、防食鋼管として、塩化ビニルで内面をライニングしたものも用いられます。鋼管の中に、硬質塩化ビニル管を挿入・接着したものです（塩ビライニング鋼管）。ポリエチレンをライニングした製品もあります。鋼管を加熱しておき、粉末のポリエチレンを管内に送り込んで、皮膜状に融着させて作ります（ポリエチレン粉体ライニング鋼管）。

電縫溶接した溶接鋼管で、溶接部のみぞ状腐食（30参照）が生じにくい、「耐みぞ状腐食電縫鋼管」があります。溶接部が母材部と電池を作らないような、材質設計にしたものです。鋼材中のいおう分を下げ、同時に少量の銅と、ニッケル、カルシウム、チタンのような合金元素のどれかを加えた鋼から作ります。

要点BOX
- エポキシ樹脂塗料やタールエポキシ樹脂塗料が有効
- 塩化ビニルで内面をライニングした鋼管
- 耐みぞ状腐食電縫鋼管

塩化ビニルライニング鋼管

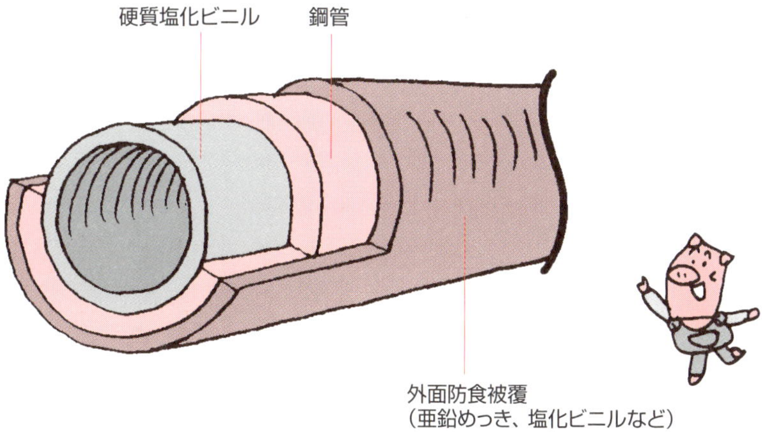

溶接部に選択腐食を起こさない鋼管

（耐みぞ状腐食電縫鋼管）

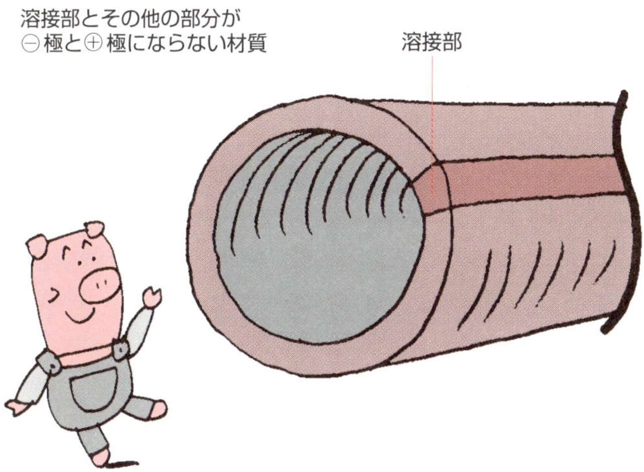

32 水に強い金属

亜鉛めっき、銅、ステンレス

中性の水中で、亜鉛はかなり良い耐食性を示すので、亜鉛めっき鋼管は、水配管として使用されます。亜鉛めっきの厚さは、80マイクロメートル前後です。腐食の速さは、軟水中で1年に0・01ミリメートル（10マイクロメートル）程度ですから、めっきは比較的短期間に消耗します。ですから、近年は水道管には使いません。腐食の速さはpHに大きく依存し、7以下になるとpHの低下につれてかなり高くなります。

銅も良い耐食性を示します。かなり高価なので、ふつうの水配管には使われず、給湯管や空調用の温水配管の主体になっています。しかし、孔食を生じる場合があります。水質の影響が大きく、pHや塩化物イオン、けい酸、硫酸イオン、炭酸水素イオンなどの濃度が、複雑に関係します。水質に問題がなくても、流速を毎秒1メートル程度に抑えないと、水の機械的作用で保護皮膜が破壊されて、衝撃腐食が起こります。

水が炭酸を含んでいると、銅はわずかに溶け、銅イオンを生じます。腐食は問題になりませんが、微量の銅イオンを含む水は、これに触れる浴室器具などに、青いしみを付けます。

SUS 304のようなステンレスは、水環境で非常に良い耐食性を持っていますので、配管（給水、給湯）、槽類（水槽、浴槽、温水タンク）、給湯器、台所用品、化学工場の熱交換器管などに使われます。恐いのは塩化物イオンの存在ですが、常温の水道水や工業用水ではほとんど問題はありません。

温度が50～60℃以上になると、孔食、すきま腐食、応力腐食割れが起こる可能性があります。塩素イオン濃度は比較的低くても、伝熱面やすきまでは、濃縮が起こるので問題です。

アルミは、塩化物イオン濃度の低い水には強いのですが、ふつうの水中に含まれている程度の、ごく微量の銅や鉄イオンによって孔食を生じますので、水配管としては使用されません。

要点BOX
- ●亜鉛めっき鋼管は水道以外の水配管に使う
- ●銅は給湯、空調配管の主流
- ●ステンレスの使用も多い

常温の水に対する耐食性

金属	平常的な腐食	起こりうる腐食
炭素鋼	腐食大。流速により0.1～0.4mm/年	さびこぶができるとその下がえぐれる
亜鉛めっき	耐食性良。0.01mm/年程度	pHが7以下で腐食大
銅	ほとんど減らない	水質によっては孔食 流速が大きい(＞約1m/秒)と衝撃腐食
ステンレス	腐食はほぼゼロ	塩化物イオン濃度が高いと孔食、すきま腐食 加えて50～60℃以上では応力腐食割れ
アルミ	蒸留水、高純度水なら腐食はほぼゼロ	わずかな銅イオン、鉄イオンで孔食 塩化物イオン濃度が高いと孔食、すきま腐食

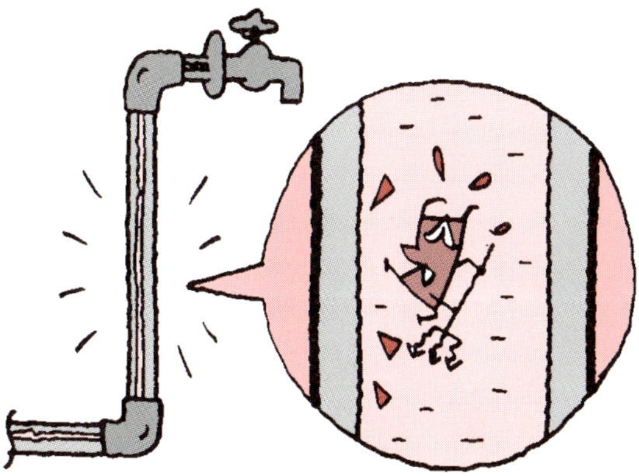

銅配管の衝撃腐食

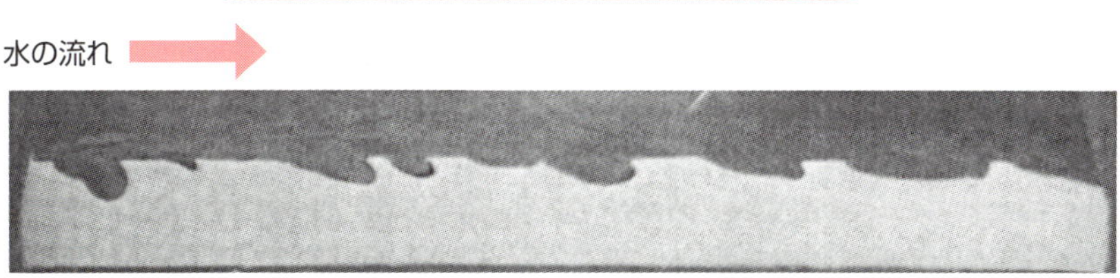

その他の腐食の写真
●炭素鋼：さびこぶ下のえぐれ（→8）
●ステンレス：孔食、すきま腐食、応力腐食割れ（→10）

Column

濁った水割り

ふつう水質というと、pH、溶存酸素濃度、COD（有機物含有量の指標）、大腸菌数、カドミウム、鉛、6価クロム、PCBなどの有害物質の濃度、透明度・濁度など、生活環境や健康にかかわる項目を言います。これらのうち、腐食に直接関係があるのは、pHと溶存酸素濃度だけです。腐食への影響を見るのに、ほとんど役に立ちません。

わが国の河川や水道の水のpHは中性に近く、鉄の腐食に影響するほど変動しません。また、ふつう空気は飽和していて、溶存酸素は温度が一定なら、ほぼ一定です。

腐食にいちばん影響するのは、金属表面に、腐食を抑える炭酸カルシウムの皮膜ができるかどうかですが（29参照）、わが国の河川や水道の水は軟らかく、皮膜はできません。調べたければ、pHと温度のほか、カルシウム、炭酸水素イオン、および溶けている全塩分の含有量を求めれば計算できます。

28で述べたように、流速のある水では、塩化物イオン濃度が腐食に影響します。また、10で述べたように、塩化物イオンはステンレスの腐食には重要です。塩化物イオンや硫酸イオンの濃度が高いほど電気を通しやすいですから、マクロ腐食電池の作用を活発にして、局部腐食を促進します。

水質の影響はこのくらいです。わが国では比較的影響しないのです。

外国へ行くと、水質は腐食より健康への影響が気になります。メキシコ、ブラジル、インド、東南アジアなど多くの国では、健康上、水道水は飲むものではありません。

パリの水道水は一応大丈夫だというので、あるとき、水割りを作ってみました。とたんに白く濁りました。硬度が高いところへアルコールを加えたため、カルシウムが沈殿したのです。腐食性は低いのですが（29参照）、水割りには適さないようです。

第5章 海水による腐食と防食

33 海水と淡水の腐食性の違い

浸しておいても鉄の腐食は変わらない

1リットルくらいのビーカを2つ用意し、一方には海水、もう一方には水道水を満たします。この中に同じ大きさの鉄片を浸しておきます。どちらもすぐにさびて、腐食が始まります。ある期間ののち引き上げてさびを除き、腐食の大きさを比べます。例えば1カ月以上なら、期間はいくらでもかまいません。

腐食の大きさは、海水のほうが多少は大きいですが、多くの人の予想を裏切って、ほとんど違いはありません。なぜでしょうか。

27で述べたように、鉄の水中での腐食は、どれだけ酸素が供給されるかによって決まります。前述の実験では、温度は同じで、どちらの水も静止していますから、酸素の供給速度は、溶けている酸素の濃度によって決まります。海水と水道水とで、酸素の濃度はほとんど変わりません。ですから、腐食の大きさは、ほとんど違わないのです。

実は、酸素の濃度は、塩分が少ない水道水のほうが、少し高いのです。ところが、できるさびが酸素の接近を妨害する作用は、海水のほうが小さ目です。これらの総合結果として、海水による腐食のほうが、少し大きくなります。

理屈はともかくとして、経験上、海水のほうが腐食性が大きい、と反論する人が多いと思います。これは、海水中に落としたブローチか何かが、ひどくさびたという経験に基づくものです。この場合、そのブローチは、すぐに拾い上げて空気にさらしたはずです。ひどくさびたのは、引き上げてからあとです。20で述べたように、塩気がついているので、その吸湿性のためにいつまでもべとべとぬれているのが原因です。水道水だったらすぐに乾きます。水で洗えばよかったのです。

配管では海水のほうが、腐食が激しくなります。水道水なら、ある流速以上では不動態皮膜ができて、腐食を抑えますが、海水では塩化物イオンの影響で、不動態皮膜はできないからです。

要点BOX
- ●海水と水道水の酸素の濃度はほとんど同じ
- ●海水から引き上げたあとでさびるのは塩分が残っているから
- ●海水配管の鉄の腐食は塩化物イオンのため大

どっちの腐食が大きい？

1カ月後の腐食の大きさはほとんど同じ。供給される酸素の量が同じだから

やっぱり海水のほうが腐食する

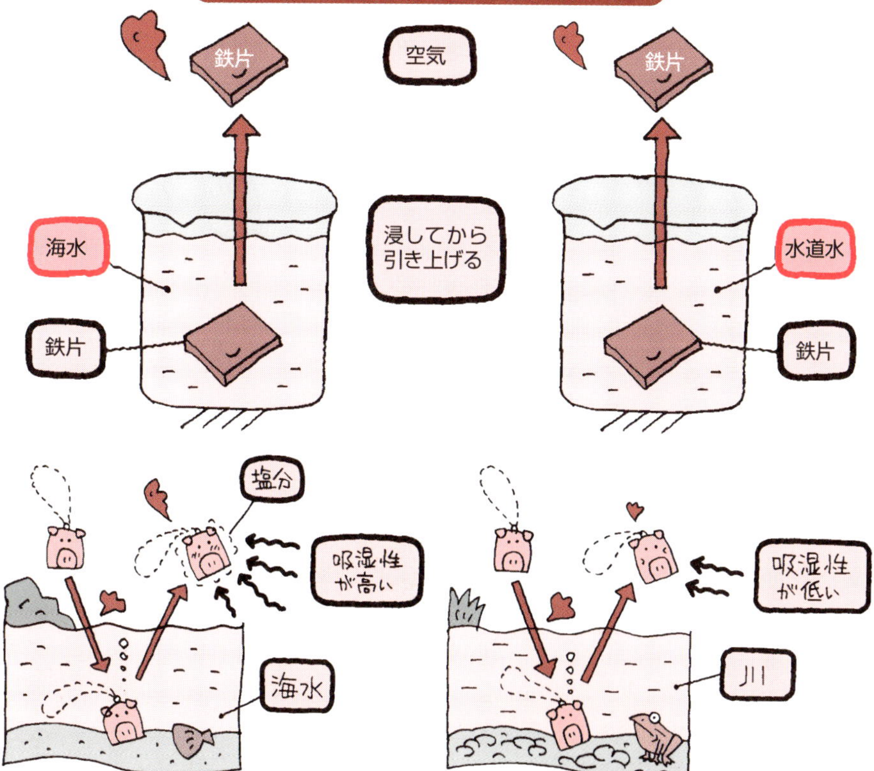

引き上げてからそのままおくと、海水に浸したほうがずっと腐食は大きい。差が出るのは、引き上げてからあとの腐食

34 海に建てた鋼杭の腐食

部位により環境も腐食も大きく異なる

海水による腐食といっても、海水に浸っているか、海水に浸ったうえ大気にさらされるか、海水が降りかかる状況か、などの条件によって、腐食の速さやメカニズムは違います。そのようすは、海底から海上の大気中まで垂直につながっている鋼杭の、種々の部位での腐食を考えると分かります。鋼杭が接する環境は、下から海底土、海水、干満部、海水飛沫部、大気に区分されます。

海水中の部分はいつも海水に浸っており、腐食は33で述べたように、杭の表面への酸素の供給速度で決まります。腐食の速さは、平均すると1年に0・1ミリメートル前後ですが、付着物やさびの不均一のため通気差電池ができて、部分的にえぐれます。また、海面直下の部分が㊀極、干満部が㊉極となるマクロ腐食電池ができ、海面直下部の腐食が大きくなることがあります。海底土部も類似した環境にあり、腐食は、海中部よりやや小さい程度です。

腐食がもっとも激しいのは、海面直上にあって、いつも海水の飛沫が降りかかる部分（海水飛沫部）です。表面は常に海水でぬれており、水膜が薄いので酸素の供給が良いからです。1年に0・2〜0・4ミリメートル腐食するので、ライニングなどで防食しないと、この部分の腐食で杭の寿命が決まります。

潮の干満によって海中に没したり、海上に出たりする干満部は、不思議な腐食挙動をします。鋼杭のように海中部分とつながっている場合、前述したように、マクロ腐食電池の㊉極となって電気防食作用（12参照）を受け、あまり腐食しません。1年に0・05ミリメートルくらいの腐食です。ただし、これは有機ライニングをしない場合です。ライニングがあると電池はできませんから、ライニングの破れた部分では、飛沫部と同じくらい腐食します。

海上の大気部は、厳しい臨海大気による腐食を受けます。年間、0・1ミリメートル以上です。

要点BOX
- 下から海底土、海水、干満部、海水飛沫部、大気、と区分
- もっとも激しいのは海水飛沫部

海面直上部の腐食が大きい

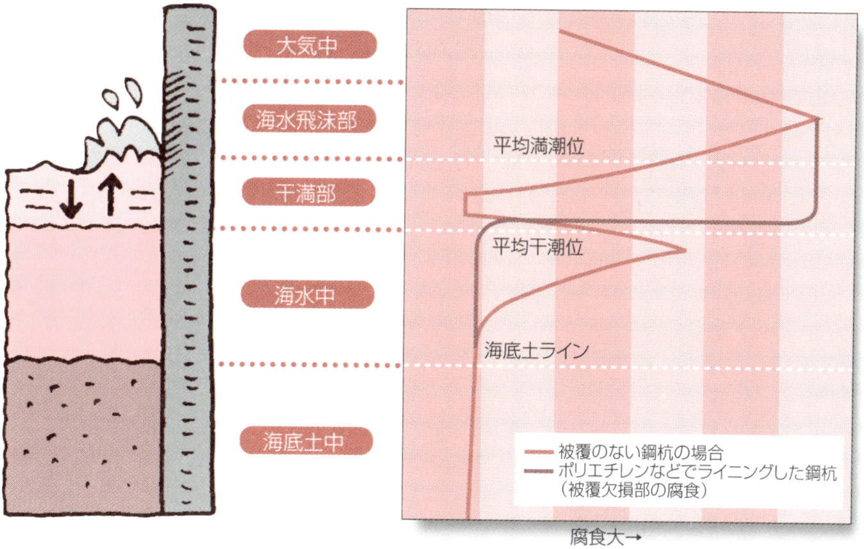

穴があいた鋼杭

腐食がもっとも激しい海面直上の海水が降りかかる部分（海水飛沫部）の穴

35 鋼杭を腐食から守る

海水飛沫部には樹脂、コンクリート、金属をライニング

腐食が激しい海水飛沫部を腐食から守ることは、鋼杭に限らず、港湾、海上橋の橋脚、人工島、沖合石油基地などでも重要です。これらの防食の基本は被覆ですから、干満部も同じ防食対象です。

厳しい腐食環境に耐える、優れた防食法を採用することが重要ですが、海洋ではアプローチが困難なので、補修が難しいのです。寿命が長いことに加え、船などの衝突による破損に強いことが必要です。

もっとも簡単な方法は塗装ですが、エポキシ樹脂塗料やタールエポキシ樹脂塗料を厚く塗装しても、期待耐用年数は10年くらいなので、適当な方法ではありません。

既製品の杭を使える場合、2・5ミリメートル程度の厚さのポリエチレンやポリウレタンを、工場であらかじめ被覆した杭や矢板が使用できます。耐用年数は40年以上とされます。

現地での防食施工には、ペトロラタム（軟こう状の石油ワックス）を含浸させた、2～3ミリメートル厚さのテープを巻き、FRP（強化プラスチック）などでカバーする方法や、5ミリメートル程度の厚さの、水中硬化型エポキシ樹脂を、付着させる方法があります。どちらも、20年程度の耐用が期待できます。

100ミリメートルの、厚いコンクリートをライニングしますと、50年以上もちます。関西国際空港連絡橋の飛沫・干満部には、500ミリメートルのコンクリートライニングを用い、船などの衝突による破損の防止に、エポキシ樹脂塗装した鉄板を巻いています。

耐海水ステンレス（37参照）、モネル、チタンなどの、金属のライニングも有効です。東京湾横断道路の橋脚には、1ミリメートル厚さのチタンを使っています。

なお、大気部には、耐久性の良い塗料を厚く塗装し（重防食塗装）、海中部には、電気防食法、または有機ライニングと電気防食法の組合せを使用します。

要点BOX
- ●ポリエチレン、ポリウレタン被覆の杭は耐用年数40年以上
- ●100ミリの厚いコンクリートで50年
- ●チタンライニングは強い

ウォーターフロントの防食法

環境・位置	防食法	防食仕様（材料および膜厚）	補修までの予想周期（年）	実績
飛沫・干満部	有機ライニング	ポリエチレン、ポリウレタン 2.5mm	40	多数
	無機ライニング	セメントコンクリート（かぶり） 100mm	50	多数
	耐食性金属ライニング	チタン 1mm	100	東京湾横断道路橋脚
	複合防食	セメントモルタル＋犠牲鉄板＋エポキシ 500+28+2.5mm	100	関西国際空港連絡橋
海中部	電気防食	アルミ電流陽極	陽極の数と寸法による	多数
	有機ライニング	ポリエチレン、ポリウレタン	40	多数
	有機＋電気防食	ポリエチレン、アルミ電流陽極	70	多数
海底土中部	腐食しろ（代）	腐食しろ（代） 2mm	100	多数
	電気防食	アルミ電流陽極	陽極の数と寸法による	多数

（日本鉄鋼連盟資料による）

工事中のポリエチレン被覆鋼管

黒い部分がポリエチレン被覆

用語解説

モネル：70％ニッケル、30％銅、少量の鉄、マンガンの組成を持つ耐海水性の良い合金。

36 北極の海、熱帯の海

酸素濃度は北極のほうが高い

海の中の腐食は、主に海水の温度と、溶けている酸素の濃度で決まります。海面に近い表層の海水の場合、北極に近い海では、温度が例えば-2℃と低いのに対し、熱帯の海では約35℃もあります。表層の海水には空気が飽和していますが、温度が低いほうがよく溶けます。このため海水中の酸素の濃度は、北極の海では11ppm、南洋の海では6ppmくらいです。

腐食の速さは、酸素濃度が一定なら、温度が上がると高くなりますが、酸素の濃度は温度の上昇とともに低下します。このため、北極と熱帯で、表層の海水による腐食の速さは、ほとんど同じです。表層の海水による腐食の速さは、世界中でほぼ同じなのです。

しかし、腐食の速さが異常に高いことや、低いことがあります。例えば、貝殻などが完全に表面を覆って環境を遮断するため、ほとんど腐食しない場合や、湾内で硫化物やアンモニアで海水が汚染して、腐食が大きくなる場合です。河川の水が大量に流れ込み、表層の海水が薄まりますと、表層で酸素濃度が上がって腐食が大きくなったり、下部と通気差電池を作って、逆に腐食が小さくなったりします。

海水中の塩化物イオン濃度は、約1・9%です。塩分濃度は地域によって多少変わりますが、含まれている種々のイオンの比率は、ほとんど変わりません。pHには幅があり、7・5〜8・3です。空気の溶解量や生物の活動の違いで、二酸化炭素の濃度が地域によって異なるからです。腐食にはあまり影響しません。

海面から深くなると、酸素の濃度は低くなります。これは、海中の生物などに起因する有機物の酸化によって、消費されるからです。しかし、深さと酸素濃度の関係は、地域によって非常に異なります。しばしば、ある深さで最低となり、それより深いところで増加します。最低となる深さがもっとも浅いのは、赤道直下の東太平洋の400メートル、もっとも深いのは、太平洋中部の2400メートルです。

要点BOX
- ●北極と熱帯、表層の海水中の腐食の速さは同じ
- ●深い海の酸素濃度は地域によって大きく異なる

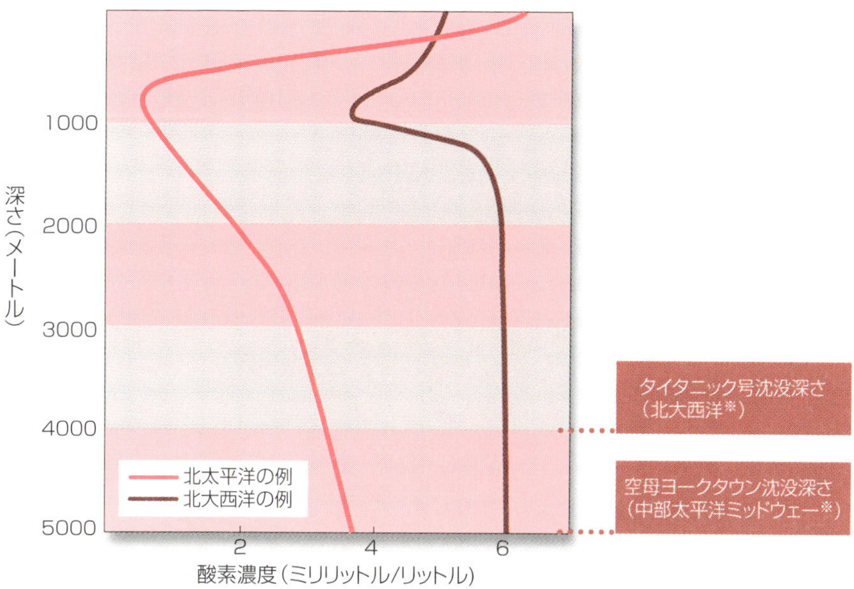

※グラフに示した酸素濃度測定海域と直接の関係はない

37 海水に強い金属

耐海水ステンレス、チタン、銅合金

10などで、SUS 304のようなふつうのステンレスは、海水のような塩化物イオンを含む環境では、孔食、すきま腐食、応力腐食割れ（約60℃以上）の問題があると述べました。しかし、ステンレスの種類は多く、海水に強い、耐海水ステンレスもあります。

SUS 304は18%のクロムと8%のニッケルを含んでいますが、クロムをもっと増やすか、同時にモリブデンを2～数%加えると、孔食やすきま腐食に強くなります。クロムの量（%）と、モリブデンの量（%）の3・3倍と、窒素の量（%）の16倍を加えた値を孔食指数と言いますが、この値が高いほど強いのです。SUS 304の孔食指数は18ですが、モリブデンを2～3%加えたSUS 316では約25ですから、SUS 304より少し強くなります。

耐海水ステンレスは、孔食指数を35～40程度にしたもので、常温の海水による孔食には耐えます。ただし、すきま腐食は生じることがありますので、極力、すきまを作らないことが必要です。

ステンレスのように、不動態皮膜によって耐食性を与えられている金属の、孔食やすきま腐食抵抗性は、この皮膜の安定性しだいです。チタンの不動態皮膜は非常に強いので、常温の海水にはやられません。アルミは種類によらず、強くありません。

保護皮膜が耐食性を与えている銅や銅合金は、原則的には海水に強いのですが、秒速が1メートルに近いか、それ以上の流速の海水に接すると、保護皮膜が損傷を受け、衝撃腐食を生じます。海水環境での銅や銅合金の主な用途は、発電所などで冷却に海水を使う熱交換器のチューブですから、衝撃腐食に耐えることは重要です。

衝撃腐食に強い銅合金には、アドミラルティ黄銅（黄銅に少量のすずとひ素を添加）、アルミニウム青銅（銅にアルミを添加）、キュプロニッケル（10～30%のニッケルの銅合金）などがあります。

要点BOX

- ●ステンレスのクロムを増やし、モリブデンを加える
- ●それでもすきま腐食は起こりうる
- ●銅や銅合金の配管は衝撃腐食対策が必要

海水に強いステンレス

ステンレス	化学成分（%）						孔食指数※1	組織※2
	Cr	Ni	Mo	Cu	N	その他		
1	20	42	3	2		0.5Ti	29.9	γ
2	25	4.5	1.5				30.0	α+γ
3	20	25	4.5	1.5			34.9	γ
4	25	7	3	0.5	0.14	0.3W	35.7	α+γ
5	20	25	5			0.4Ti	36.5	γ
6	30	0.2	2				36.6	α
7	27.5	1.2	3.5			0.5Ti	39.1	α
8	20	25	6				39.8	γ
9	20	18	6	0.7	0.2		40.0	γ
10	29	2	4				42.2	α
11	29	0.3	4			0.5Ti	42.2	α
12	20	25	6.5		0.2		47.7	γ
（比較）※3								
SUS 304	18	8					18.0	γ
SUS 315	18	12	2.5				26.3	γ

※1：[Cr（%）]＋3.3×[Mo（%）]＋16×[N（%）]　※2：α フェライト系　α+γ オーステナイト・フェライト系（二相系）　γ オーステナイト系　※3：ふつうに使われるステンレス

海水に強い銅合金

銅合金	添加化学成分	主な用途
りん青銅	5〜15%Sn-0.03〜0.35%P	ポンプ翼
砲金（青銅鋳物）	7〜11%Sn-1〜7%Zn	ポンプ胴、バルブ、軸受
アルミニウム青銅	10%Al-5%Ni	海水用熱交換器
APブロンズ	8%Sn-1%Al-0.1%Si	汚染海水使用復水器管
キュプロニッケル	10〜30%Ni　0.5〜2%Fe	海水用熱交換器

用語解説

りん青銅：銅に3.5〜9%のすずを加えた合金を、青銅という。りん青銅は、これに0.03〜0.35%のりんを加え、耐食性などを向上させた合金。

Column

タイタニック号のさび

豪華客船タイタニック号が、処女航海で氷山に衝突して沈んだのは、1912年のことです。1991年に深海艇で撮った、かなり鮮明な写真があります。鉄の部分はさびだらけで、かなり腐食が進んでいるようです。

同じようにして撮られた、米国の空母ヨークタウンの写真を見ました。沈んだのは第二次世界大戦中の1942年、撮影は1998年です。あまり腐食しているようには見えません。グレイの塗料さえ残っています。

限られた写真からの推定が正しいとして、この差は何でしょうか。タイタニック号は79年後、ヨークタウンは56年後の写真です。経過年数が違うからでしょうか。それとも、建造時の防食技術の差で、30年近くも経てば、塗装技術が大いに進歩したのでしょうか。

しかし、腐食の立場からすると、海中の溶存酸素濃度が、気になります。タイタニック号は北大西洋のほぼ北緯48度、西経50度の4000メートルの海底、ヨークタウンはミッドウエイ（ハワイの西北西約2400キロ）の5000メートルの海底にあります。

残念ながら、沈んでいる海底の溶存酸素濃度は分かりません。そこまでは、調査しなかったようです。しかし、36で示した図からすると、タイタニック号が眠っている北大西洋の深海のほうが、溶存酸素濃度が高い可能性があります。

興味がある人は、調査してくださいと言いたいところですが、とてもダイブできる深さではありませんね。

第6章

土の中での腐食

38 土の中でなぜ腐食するのか？

湿分と通気性に左右される

土の中での鉄の腐食も、水と酸素の作用で進みます。土の中では、土の性質や環境条件によって、水と酸素の供給されやすさは、いろいろです。

土は、土の粒子、水および空気によって構成されています。土の粒子が小さいのが粘土で、大きいのが砂です。土の体積のうち、土の粒子が占める体積以外がすきまですが、この中に水または空気が入っており、水はすきまいっぱいまで増えることができます。

土の腐食性に関係しうる因子は、①湿分、②通気性、③pH、④水に溶けている塩類、⑤電気伝導率または抵抗率、⑥バクテリアなどです。これらの状況は、土の種類によって大きく変わります。

湿分（または、排水性）が、水の供給量を決めます。通気性（または、気孔率）が、酸素の供給を左右します。粘土やそれに近い土は、湿分が多く通気性は悪いのですが、砂や砂分の多い土では、その反対です。湿分と通気性の一方か両方がきわめて悪いと腐食は小さいですが、両方ともある程度以上供給される場合は、粘土と砂のどちらで腐食がより大きいかは、何ともいえません。例えば、通気性の良い土の中では最初はよく腐食しても、通気性の悪い土より、できるさびの保護性が大きい可能性があるからです。

土のpHは一般に中性に近く、鉄の腐食に影響はありません。塩類もふつうは問題ありません。

土の種類や性質は不均一なため、通気差電池などのマクロ腐食電池ができやすく、腐食は不均一になりがちです。塩類が多く土の抵抗率が低いほど、大きなマクロ腐食電池の電流が流れ、局部腐食を促進します。

土はバクテリアの宝庫です。ある種のバクテリアは、腐食を促進します。代表的なものは、硫酸塩還元バクテリアです。多くの土や水の中に存在し、通気の悪い場合に繁殖します。土中の硫酸塩を還元して硫化物にするのですが、このとき、酸素と同じように、電子を受け取る作用をするのが原因です。

要点BOX
- ●通気性が良いほうが腐食が大きいとは限らない
- ●土の中ではマクロ腐食電池ができやすい
- ●ある種のバクテリアは腐食を促進

土の構成と腐食作用

（腐食は水と酸素で起こる）

土による鉄の腐食の分類

区分	作用の種類	原因	代表的腐食
土だけの作用による腐食	ミクロ腐食電池の作用		比較的マイルドな均一腐食
	マクロ腐食電池の作用	通気差電池	やや激しい局部腐食
土以外の作用が加わる腐食	バクテリアの作用	硫酸塩還元バクテリア	かなり激しい局部腐食
	接触している異種金属の作用	銅、ステンレスとの接触	かなり激しい局部腐食（7参照）
	接触している他構造物の作用	鉄筋との接触	非常に激しい局部腐食（39参照）
	迷走電流の作用	直流電鉄	きわめて激しい局部腐食（41参照）

土だけの作用による鉄の腐食の大きさ

（米国44地域での12年の腐食試験結果）

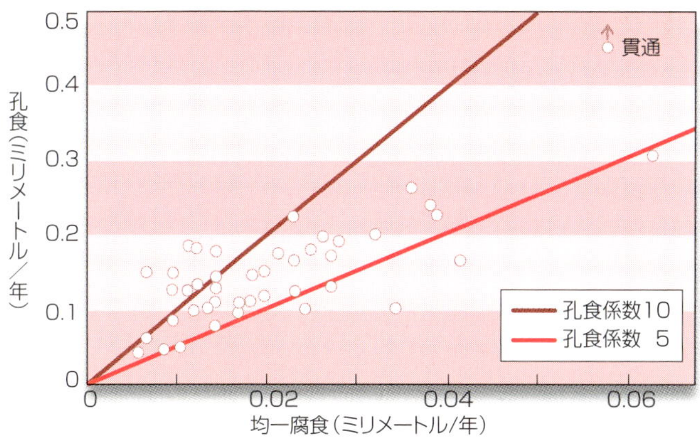

土によって腐食が大きく異なる
孔食係数＝（孔食深さ）/（均一腐食深さ）

39 土中の配管は穴があきやすい

鉄筋コンクリートの建物まわりが危険

土の種類や性質は不均一になりやすいのですが、土中の配管は一般にかなりの距離にわたりますから、場所によって腐食環境が異なり、マクロ腐食電池ができやすくなります。とくに通気差電池がよくできます。これについては、8で述べました。

実は、もっと恐ろしいマクロ腐食電池が作用して、短期間に穴があくことがあるのです。それは、鉄筋コンクリートの建物に水やガスを供給する、建物まわりの土中の配管の場合です。

これらの配管は、ふつうに施工すると、コンクリート中の鉄筋に接触します。コンクリートはpHが約12・5のアルカリ性ですから、鉄筋には不動態皮膜ができるので腐食しません（9参照）。ステンレスのような性質になります。一方、土はほぼ中性ですから、鉄の配管には不動態皮膜はできません。鉄筋と配管とが接触すると、ちょうど、ステンレスと鉄がつながっている状態になります。7で述べた状況と同じで、鉄の配管の腐食は促進されます。亜鉛めっき鋼管でも同じです。⊕極であるステンレスから、接触点を経て⊖極の配管に流れてきた電流は、土へ流出して腐食を促進するわけですが、土の性質や配管との接触が均一でないため、電流は部分的に流出しやすくなり、そういう部分に穴があくのです。その速さは、1年に1～3ミリメートルと、大きいことが頻繁です。そうなると、数年以内、極端な場合は1、2年で穴があきます。

対策は簡単です。配管がコンクリート建物の壁などを抜け通るところで、鉄筋と配管とが接触しないように、プラスチックのさや管などを使えばよいのです。また、鉄筋と配管が、別の金属体を介して間接的に接触することもあるので、配管が地下から立ち上がったところに、絶縁継手を入れます。少し前までこのような腐食が頻発しましたが、最近では鉄筋と絶縁する工法が普及し、解決しています。

要点BOX

- 鉄筋に触れると腐食が促進
- 数年以内に穴のあく例が多い
- 対策は鉄筋との絶縁

穴があく理由

（アルカリ性のため不動態皮膜形成）

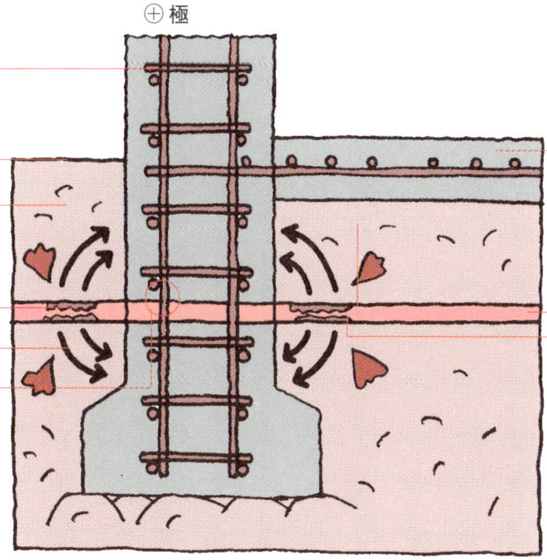

鉄筋と配管を切り離せ

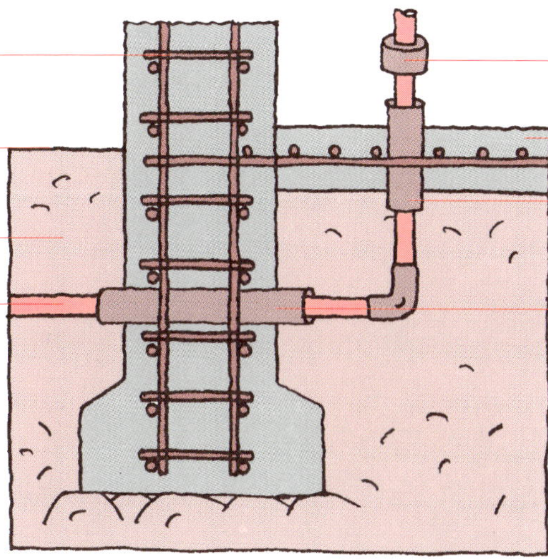

※配管の上流側と下流側を電気的に絶縁する継手。配管が屋内で鉄筋とつながっても電流は流れない

鉄筋と配管はつながっていないのでマクロ腐食電池はできない

用語解説

絶縁継手：2本の配管をつなぎ合わせるとき、これらを電気的に絶縁するために使う、絶縁物を挿入した継手管。地上に出た配管が屋内で、鉄筋と絶縁していない配管や、基礎内で鉄筋とつながっているボイラなどと接触しても、絶縁継手にさえぎられて、腐食電流がその配管の土中部分へ流れることはない。

40 パイプラインの穴あき対策

絶縁＋被覆＋電気防食

39で述べたように、土中の配管は、鉄筋から絶縁しなければなりません。絶縁すれば、激しい腐食は起こりません。しかし、土によるふつうの腐食は起こります。いちばん問題なのは、通気差電池による腐食です。鉄筋が接触しているときよりずっとましですが、条件によっては、1年に0・3〜0・5ミリメートルくらいの速さで、孔食が進行します。

ポリエチレンなどで被覆した鋼管なら、被覆は絶縁性ですから、通気差電池は形成されません。しかし、ポリエチレン被覆鋼管を使うときも、配管が鉄筋から絶縁されていることが必要です。むしろ、より重要というべきです。ポリエチレン被覆鋼管には、配管施工時に付けた傷の部分や、配管を溶接などでつないだのち被覆を補修した部分で、鉄地が土に露出している可能性があります。鉄筋と接触していると、電流はそのような限られた面積の部分から流出します。電流が集中するわけですから、激しい腐食が起こります。

鉄筋から絶縁し、ポリエチレンなどの被覆鋼管を使ってなお残るのは、土に露出している被覆の欠陥部で起こる腐食です。面積は狭く、マクロ腐食電池は作用しませんから、あまり心配は要りません。ですから、建物まわりの土中の配管の場合は、鉄筋との絶縁と、被覆鋼管の組合せで十分です。

しかし、重要なパイプラインでは万全を期すため、さらに電気防食を行います。そして、電気防食が適切に維持されているかを、定期的に測定します。もちろん、電気防食のシステムを管理するためですが、鉄筋との絶縁不良、被覆の破損、迷走電流の影響（41参照）などが生じると、電気防食が不十分になりますので、総合判断ができるのです。このためには、パイプラインにどれだけ防食電流が流入しているかの指標である、「電位」を、管道に沿って測定します。電位については、51で多少触れます。

要点BOX
- ●鉄筋からの絶縁が第一
- ●絶縁しないと被覆も電気防食も無効
- ●定期点検が不可欠

塗覆装だけでは防食できない

絶縁＋塗覆装＋電気防食で防食達成

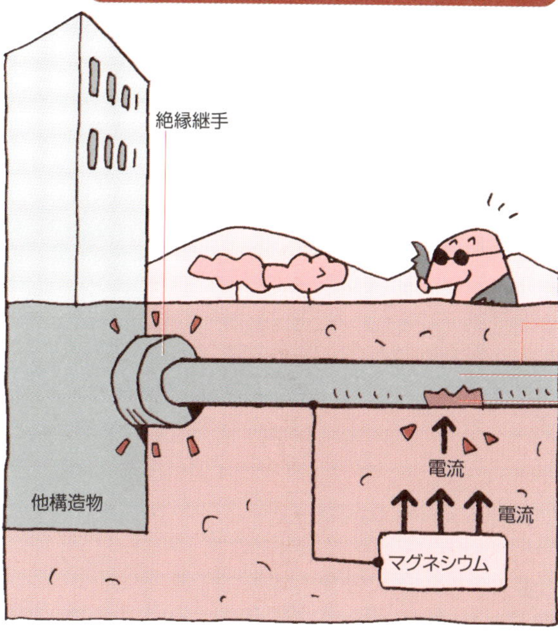

41 鉄道が腐食に影響する

迷走電流による腐食

鉄筋との接触や通気差によって、マクロ腐食電池が形成されると、㊀極部分から直流の電流が流出して腐食が起こります。しかし、水や土の中にある鉄などの金属に、直流電源（電池や整流器）の㊉極を電線でつないで直流を流したときも、電流は金属から水や土へ流出しますから、腐食が起こります。もちろん、直流電源の㊀極につないだ、電流を受け取る金属片の設置が必要です。外部電源による電気防食で、つなぎ方を逆にしたのと同じです。

マクロ腐食電池による腐食は、「電池」の作用ですが、外部の電源の腐食作用は、「電解」です。腐食電池では㊀極が腐食しますが、電解の場合は㊉極につないだほうが腐食します。どちらにしても、電流が金属から環境へ流出すると、腐食するのです。

電解作用が起こるのは、直流電源につないだときばかりではありません。電鉄を考えましょう。多くの電鉄では、直流を使っています。この電流は変電所から架線を通って電車にいき、レールを通って変電所に戻ります。しかし、レールと地面の絶縁は完全ではありませんから、電流の一部は地面に入り、土中を通って変電所へ戻ります。このような電流を、迷走電流と言います。

迷走電流が流れる経路に、パイプラインが埋めてあるとどうなるでしょうか。土より鉄のほうが抵抗が低く、電流は流れやすいですから、迷走電流の一部はパイプラインに流れ込み、どこかで土に流出します。この流出は、腐食を促進します。このような腐食を迷走電流による腐食とよびます。

迷走電流をなくせばいいのですが、できないときには、電気防食法によって、流出する電流に打ち勝つ大きさの電流を流入させるとか、パイプラインとレールを電線でつないで、電流を直接、レールに戻す、などの方法を採ります。電車は多数あり、それぞれ動きますから、全体的な設計が必要です。

要点BOX

- ●レールから土へ流れる電流がパイプラインに流れ込むと、再び出るところで腐食する
- ●対策は電流をレールに戻すか電気防食

直流電源をつないでも腐食は起こる

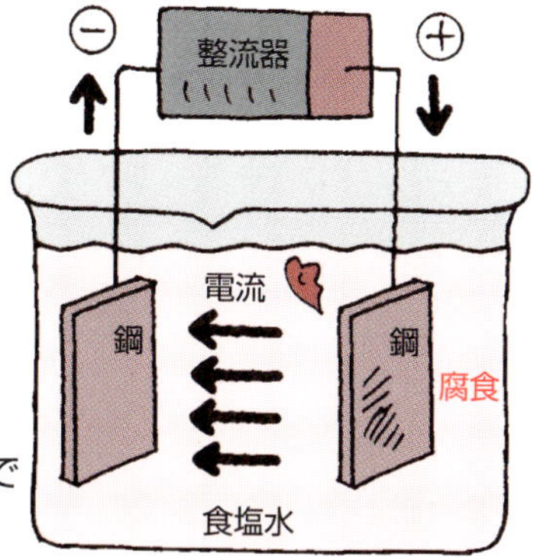

腐食電池でも直流電源をつないでも電流が流出すると腐食する

つながなくても同じことが起こる

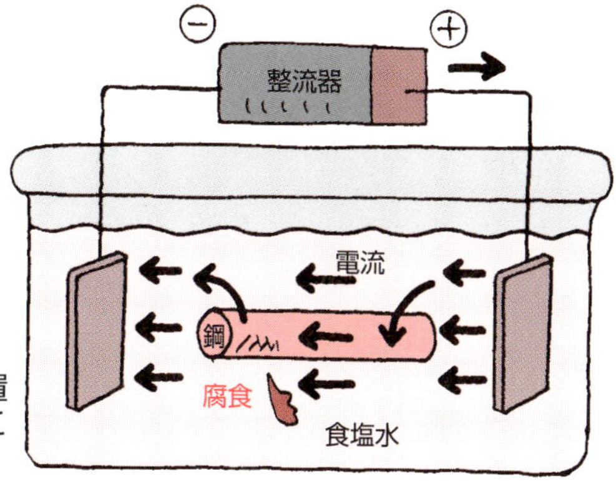

直流が流れている環境に金属を置けば、電流はどこかから入り、どこかから出る。出るところで腐食

直流電鉄から漏れた電流が、土中の配管を腐食させる

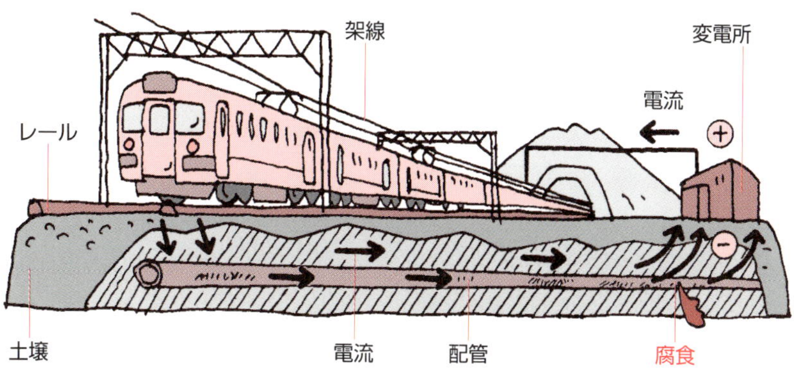

42 基礎杭はそれほど腐食しない

均一に土と接しているため

配管、パイプラインと並んで数の多い、土の中に埋められている構造体は、基礎杭です。建築物からの荷重を支える基礎杭は、建物の鉄筋などに直接接触しています。パイプラインと同じように、鉄筋を⊕極、基礎杭を⊖極とするマクロ腐食電池ができて、基礎杭に激しい腐食が起こりそうです。ところが、基礎杭の腐食は、鉄筋から絶縁されていないパイプラインの場合ほど、激しくありません。

少し前までは、基礎杭は油圧ハンマーやディーゼルハンマーを使った打撃工法によって、地中に打ち込んでいました。埋立地は別として、ふつうの地盤はしっかり固まった、攪乱されていない土で構成されています。この中に打ち込まれた基礎杭は、ぴったりと均一に土に接しています。マクロ腐食電池の電流は、かなり均一に基礎杭から土へ流出します。電流は広い面積に分散しますから、腐食は比較的均一で、その進行は速くないのです。もちろん、ある程度の孔食は生じますが。

基礎杭を掘り起こすことはあまりありませんので、データは少ないのですが、地下水位より下の、安定した土の中での孔食の速さは、大きくても1年あたり、0・3ミリメートルくらいでしょう。

工事のために土が攪乱されている、地表から地下水位までの土中や、地下水層内では、孔食が進行する速さは、もう少し高くなります。

基礎杭の打撃工法は、騒音や振動の公害を生じるほか、大型構造物のための深い杭地業には適用できません。この対策として、近年、あらかじめボーリングを行ってから杭を挿入する「プレボーリング工法」や、杭の先端で穴を掘りながら杭を埋設する「中掘り工法」が使われます。これらの工法では、土と基礎杭との接触は、打撃工法の場合ほどぴったりせず、均一ではありませんが、歴史が浅いので、腐食挙動はよく分かっていません。

要点BOX
- 工事の土が攪乱されている表層部では腐食が大きい
- 最近の工法は土があまり均一に接していない

打ち込んだ杭の腐食損傷は小さい

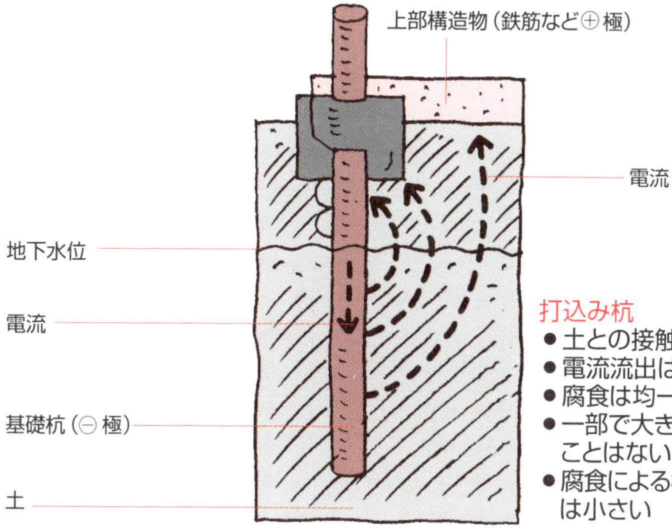

打込み杭
- 土との接触が均一
- 電流流出は均一
- 腐食は均一に分散
- 一部で大きな腐食を生じることはない
- 腐食による杭の支持力低下は小さい

埋め込んだ杭はどうなる？

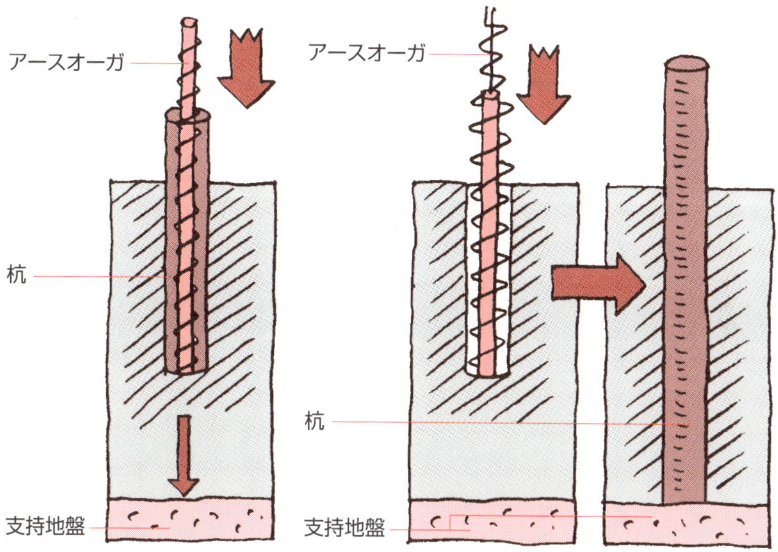

(a) 中掘り工法
（杭にアースオーガを入れて掘削しながら杭を沈下させる）

(b) プレボーリング工法
（アースオーガであらかじめ穴を掘り、その中に杭を建て込む）

騒音・振動を避ける杭の埋め込み方法。土との接触があまり均一ではない

43 土に強い金属

SUS 316や塗覆装鋼管

土に埋めたステンレスで心配なのは、孔食とすきま腐食です。米国の標準局は、1910年から何十年という長期間、米国各地でいろいろの金属の試験片を土中に埋めて、腐食の試験を行いました。SUS 304についての14年間の結果では、試験を行った13地域の土のうち、10地域では孔食を生じないか、生じてもごく軽度でしたが、3地域では深い孔食を生じていました。SUS 316は、15地域での同じ期間の試験で、まったく孔食を起こしませんでした。

わが国でも試験を行いました。SUS 304は、地域によって孔食やすきま腐食を発生しましたが、SUS 316なら大丈夫という結果でした。SUS 316の水道配管は、多数の都市で、メータまわりの配管に、以前の鉛管に代わって使われています。

米国標準局が、亜鉛めっき鋼管について、10年間試験した結果では、全面的な腐食の速さは、特異な地域を除くと1年あたり1～10マイクロメートルで、孔食は軽度でした。最近の新設工事には使われませんが、少し前まで、建物まわりのガス管や水道管は、亜鉛めっき鋼管が主体でした。鉄筋コンクリート造建物周辺では、鉄筋との接触による激しい腐食が問題でしたが、そのような影響がない場合は、めっきが損耗する期間は、10年～数十年でした。

鉄（炭素鋼）に少量の合金元素を加えて低合金鋼にしても、土中の耐食性は改善されません。ステンレスほどではありませんが、6％以上の量のクロムを加えますと、全体的な腐食は低下します。しかし、孔食が激しくなるので、不適当です。

土中で使うパイプラインやガス配管の防食には、以前はアスファルト系やコールタール系の材料を、ガラスクロスやビニロンクロスで強化したもので被覆しました。このような鋼管を、塗覆装鋼管と言います。現在では、2～3ミリメートルといった厚いポリエチレンで被覆した、塗覆装鋼管を用います。

要点BOX
- SUS 304では孔食やすきま腐食を起こす可能性
- パイプラインには厚いポリエチレン被覆鋼管

土の中での腐食に強い金属※

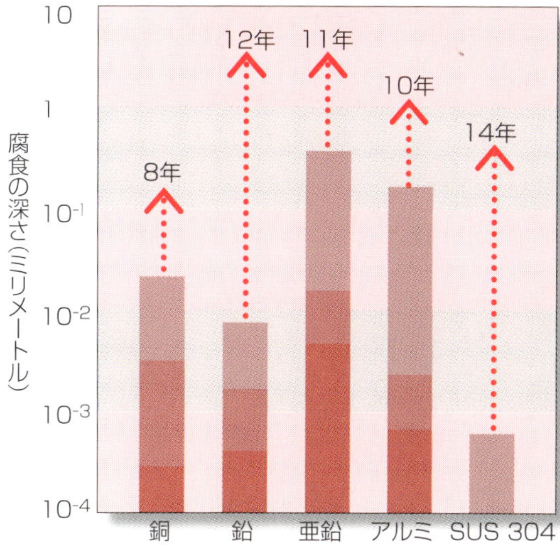

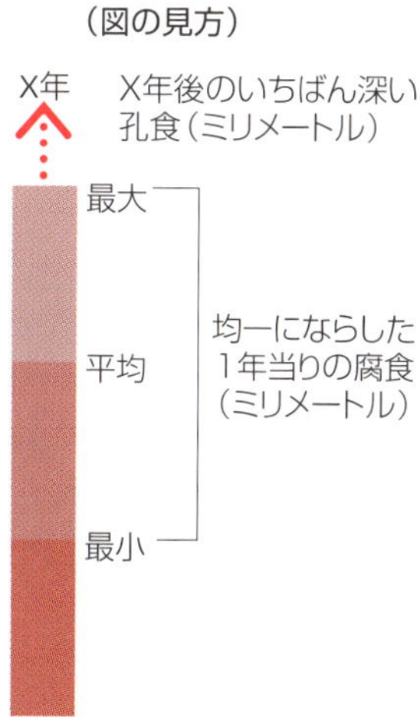

※米国標準局の試験結果に基づいて作成

ポリエチレン被覆鋼管（パイプライン用）

1層タイプ

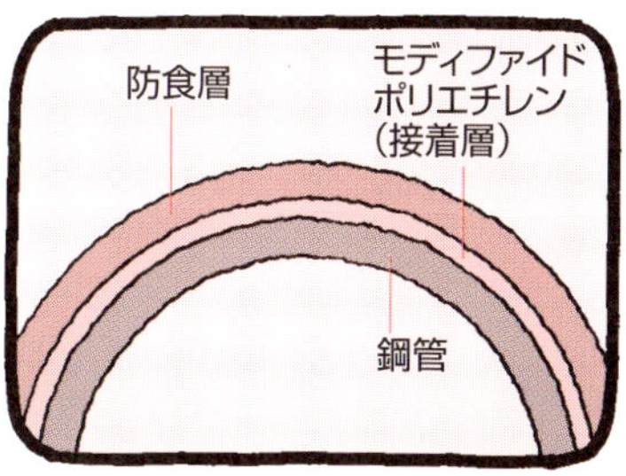

2層タイプ

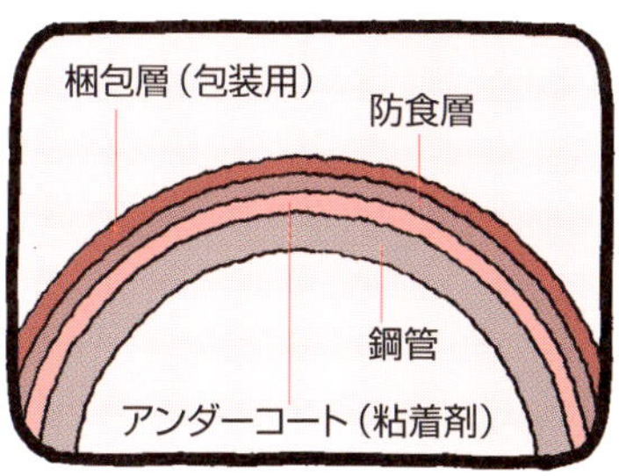

Column

土中配管腐食対策小史

鉄筋コンクリート造の建物まわりの土中の配管が、急速に土側から穴があくという腐食は、戦後のわが国で生じた腐食事例のなかで、いちばん頻度が高かったものです。あちこちのビルやマンションで、起こりました。

39で述べましたように、配管が鉄筋と接触していることが原因です。接触しないように施工すれば、そんな腐食は起こりません。ところが、その簡単な対策が、なかなか進みませんでした。

鉄筋コンクリート造の建物が増え始めたのは1960年頃からですが、配管は鉄筋から絶縁しなければ腐食するという認識が、建物配管の業界にほとんど無かったのです。

対策が採られ始めたのは、1980年頃からです。ビル建設業界では、水道管に穴あきが多発して補修に多大の費用がかかったことから、補修工事や新築のビルには、絶縁工法を採るようになりました。

学校などで使われていたプロパンガス配管では、ある小学校で生じた大量のガス漏れ事故が、対策のきっかけでした。直接の原因は地盤の不等沈下による折損でしたが、穴あきには至っていなかったものの、腐食が激しいことが、国会でも問題になりました。全国調査の結果、多数の学校や病院から、腐食問題が報告されました。その結果、絶縁を含め、施工基準が改訂されたのです。

絶縁工法は、その後、各種の配管に普及しました。最近では、土中の配管を、鉄筋から絶縁することは、常識となっています。

第7章
我が家の腐食対策

44 さびの正体

水和酸化鉄、マグネタイト、非結晶成分

身のまわりの腐食を考えるにあたって、まず、さびとは何かを考えましょう。

鉄のさびが生成する過程は大変複雑で、まだ定説がありません。次に述べるのは、ごく単純化した話です。

鉄が腐食すると、まず、第一鉄イオン（Fe^{2+}）ができます。このイオンはそのままでは、いわゆるさびにはなりません。Fe^{2+}は酸化してFe^{3+}となり、次に水を含んだ酸化鉄になります。初めは、結晶構造を持たない、無定形の物質です。そして、時間が経つと、結晶成分ができてくるのです。

ふつうのさびの主な結晶成分は、α-FeOOH（ゲーサイト）、γ-FeOOH（レピドクロサイト）、およびFe_3O_4（マグネタイト）です。化学を勉強した人でも、FeOOHという化合物は見慣れないでしょう。水が加わった酸化鉄（水和酸化鉄）である$Fe_2O_3 \cdot H_2O$と、同じ化学組成（2で割ると、FeOOHと同じ組成であることが分かります）である、と考えればよいでしょう。

大気中や水中でできたさびは、主に、これらの結晶成分と無定形の水和酸化鉄が混じったものです。その比率は、さびができた環境や、経過時間によって違います。工業地帯の大気中のさびは、比較的γ-FeOOHが多く（例えば50％）、次にα-FeOOHが多い（例えば、30％）のですが、田園地帯ではその反対です。海岸地帯のさびは、Fe_3O_4が多く、次にα-FeOOHが多いのです。水中でできたさびは、α-FeOOHとFe_3O_4が主です。どのさびも、かなりの無定形水和酸化鉄を含みます。

多くの場合、さびの外層には褐色の水和酸化鉄が、内層には黒いマグネタイトが存在します。さびはあまり酸に溶けません。工事に使うとき、さびた鉄板を酸洗いしますが、これはさびを溶かすというより、発生する水素の作用によって、素地との固着をゆるめて、除去しているのです。

要点BOX

- ●さびの組成は複雑
- ●いくつかの結晶成分がある
- ●環境によって構成成分の比率が違う

自然環境でできる鉄さびの成分と特徴

化学成分的に見ると	基本成分	鉄～60% 酸素～30% 水～10%	環境によって入る成分	●いおう（硫酸塩として） 二酸化いおうで汚染した大気 ●いおう（硫化物として） 硫酸塩還元バクテリアが作用するとき ●塩素（塩化物として） 臨海・海洋大気、海水 ●けい素（酸化けい素として） 大気（砂の混入） ●炭酸塩 土、蒸気還り管
結晶的に見て	基本成分	α-FeOOH γ-FeOOH Fe_3O_4 非結晶質または微細結晶質	環境によって入る成分	●β-FeOOH 臨海・海洋大気、海水 ●$FeSO_4 \cdot nH_2O$ 二酸化いおうで汚染した大気 ●FeS 硫酸塩還元バクテリアが作用するとき ●$FeCO_3$ 土、蒸気還り管
さびの緻密さ、欠陥部の数	緻密で欠陥部少ない		大気中で安定化した耐候性鋼のさび層	
	緻密だが欠陥部多い		大気中で生成した炭素鋼のさび層	
	あまり緻密ではない		水中、土中のさび	

欠陥部：さび層を通して腐食が進行する経路

さびた鉄の表面

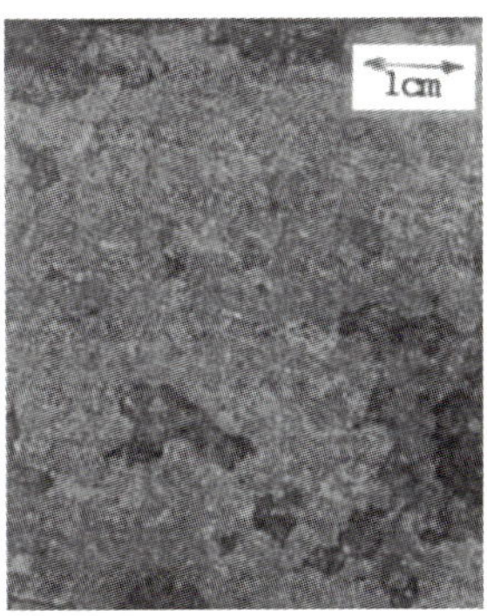

さびた鉄の断面

用語解説

無定形：結晶でないという意味。

45 金属屋根を長もちさせるには

塗装亜鉛めっき鋼や、ステンレスが多い

金属屋根には、亜鉛めっき鋼、ステンレス、チタンなどの板を用います。

亜鉛めっき鋼板は、以前は工事の間に塗装しましたが、最近ではめっき工場で塗装した、塗装亜鉛めっき鋼板を用います。ポリエステル樹脂系、アクリル樹脂系、シリコンポリエステル樹脂系、ふっ素樹脂系などの塗料で塗装し、焼付けます。一般用は、塗装・焼付けを2度行った「ツーコート・ツーベーク」とよばれるものですが、長期耐久性を持たせた「スリーコート・スリーベーク」の製品もあります。

ポリエステル樹脂系塗料などを使った、一般用の塗装亜鉛めっき鋼板は、環境の腐食性しだいで、5～10年で塗膜が劣化しますので、塗り替える必要があります。劣化が塗膜内にとどまり、めっき層に達する前に、塗り替えます。ふっ素樹脂系の塗料などを使用した高耐食性の製品は、工事などで塗膜に傷を付けたりしなければ、塗替えまでの期間が、20年あるいは30年の長期の耐食性を示します。

最近、体育館、クラブハウス、住宅などの屋根に、ステンレスの利用が増えています。孔食で穴があくことはまずありませんが、飛来塩分が多いなど、環境が悪いとさびて外観を悪くします。

ステンレス屋根は、つぎの数字が大きいほどさびやすくなります。①雨に洗われ、堆積物なし、②同、堆積物あり、③雨に洗われず、堆積物なし、④同、堆積物あり。田園地帯では、SUS 304は①ではさびませんが、④ではさびます。②、③では、場合によります。SUS 316なら、④以外は大丈夫です。海浜地帯では、SUS 316は①ではさびず、②では条件しだいですが、③、④ではさびますので、さらに高耐食のステンレスか、塗装したステンレスが必要です。

塗装したステンレスはさびの問題が少なく、美観を与えるので、近年、使用が増えています。チタンも多少使われ、腐食の問題はありません。

要点BOX

- 塗装亜鉛めっき鋼は塗替えが必要
- 環境によってはステンレスもさびる
- さびに強い塗装ステンレス

金属屋根の注意点

塗装亜鉛めっき	●折曲げ部の被覆の破損に注意 ●屋根に登るとき傷を付けない（履物に注意） ●劣化が塗膜内に溜まっているうちに塗替え
ステンレス（無塗装）	●大気環境に適した鋼種の選択（さびにくい鋼種、とくに海岸では注意） ●温水器などの設置部は腐食しにくい構造に ●堆積物が溜まりにくい構造に ●堆積物は定期的に除く
塗装ステンレス	●塗装が劣化したら塗替え（期間が長いので失念しやすい）
銅	●大気環境によって緑青がうまく出るとは限らない（美観の問題）。促進処理方法がある。 ●流下する雨水がぶつからない構造に
チタン	●腐食問題なし

福岡ドームのチタン屋根

46 アルミサッシは傷を付けるな

表面処理皮膜を大切に

アルミサッシの多くは、押出成型性の良い6063合金で、少量のマグネシウムとけい素を含んでいます。耐食性は、純アルミとほとんど変わりません。ビルなどで高強度が要求されるときには、少量の銅を加えた、6061合金が使われます。銅が有害なので、耐食性は、やや劣ります。

ここで、アルミの耐食性をまとめてみましょう。アルミは不動態皮膜を持つ金属で、基本的には良い耐食性を示します。しかし、塩化物イオンを含む水中では、孔食を生じます。また、大気中で飛来塩分が多く付着する場合や、二酸化いおう濃度の高い工業地帯では、点々と、浅く小さな孔食ができます。

アルミは、酸にもアルカリにも強くありません。アルミのままでは、弁当箱に酸性の梅干し（pH約2）が触れていると、腐食して穴があきます。また、アルカリ性の強いコンクリートやモルタル（pH約12・5）、アルカリ石鹸にやられます。

アルミサッシが接するのは、種々の大気のほか、鉄筋コンクリート造ビルではモルタル（裏側）、浴室では石鹸（窓やドア）などです。腐食の心配があるので、アルミサッシには、表面処理がしてあります。

まず、陽極酸化皮膜です。商品名ですが、アルマイトというほうが、分かりやすいかもしれません。硫酸浴などの中で、アルミを陽極として電流をかけると、アルミは酸化されて、表面に陽極酸化皮膜ができるのです。ふつうはシルバーのアルミの色ですが、ブロンズ、アンバー、ゴールド、グレー、ブラックなどの色をつけることもできます。このような処理により、耐食性は向上します。この上に透明塗装を行って複合皮膜とし、さらに耐食性を上げます。

このような皮膜が健全である限り、腐食性の強い大気、アルカリ、梅干しなどによる腐食は大丈夫です。ですから、皮膜に傷を付けて、素地を露出させないことが重要です。

要点BOX

- 表面には陽極酸化皮膜と透明塗装
- 皮膜に傷が付くと厳しい大気やコンクリートに弱い

アルミサッシは表面処理皮膜がいのち

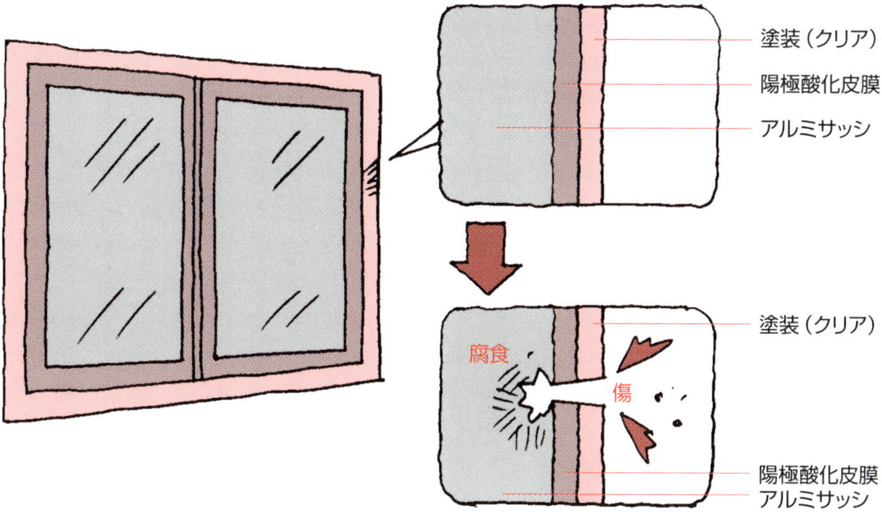

皮膜に傷を付けて、素地を露出させない

表面処理皮膜がないと…

厳しい大気	白さび、孔食
コンクリート	白さび、腐食
アルカリ石鹸	白さび、腐食
ぬれた木との接触	白さび、腐食
海水	孔食
重金属（銅など）を含む水	孔食
梅干し（弁当箱）	腐食、穴あき

47 ステンレスの流し台はきれいに

空き缶を置かない、汚れたままにしない

わが国では、1960年頃から、ステンレスの流し台、調理台、ガス台の3点セットが普及し始め、今では非常に高い普及率となっています。材質は、多くの製品でSUS 304です。

流し台でステンレスが主に使われているのは、上部の水槽（シンク）と水切り台です。どちらも水にぬれる機会が多く、シンクには塩分のある汁などを流しますから、さびないかと心配です。しかし、汁の塩分はそれほど高くありませんし、水をよく流しますので、きれいにしておく限り、大丈夫です。

シンクに長時間、ぬれた堆積物があると問題ですが、ふつうは、そんな使い方をしません。ガスをマッチで点けていた頃、シンクに缶詰めの空き缶を置いて、マッチの燃えかすを捨てる人がいました。今でも、ちょっとした食物のくずを捨てるのに、シンクに置いた空き缶を使う人がいます。これはいけません。まず空き缶の底がさびて、ステンレスに丸くさびが付きます。これを「もらいさび」といいます。

この段階なら、清掃剤でさびを除去すれば、問題ありません。しかし、もらいさびをいつまでもそのままにしておきますと、ステンレスの健全な不動態皮膜の保持に必要な、空気（酸素）の補給が悪くなるために、ステンレス自体がさびます。多少素地が食われるので、さびを除去しても、あとが残ります。同じことは、ステンレスの浴槽についても言えます。ヘアピンや鉄の剃刀の刃を、放置しないことです。

ガス台の上面は、吹きこぼれや油汚れを放置しておくと、さびや孔食が発生する恐れがあります。

流し台や浴槽に限らず、ステンレス製品をさびや腐食から守るには、中性洗剤などを使って、きれいにしておくことがポイントです。さびを取るのにさび取り剤を使うとき、塩酸などの酸を含むものは禁物です。下地が侵食されてあとが残るほか、水洗いなど、さび除去後の処置が不十分だとさびるからです。

要点BOX

- 「もらいさび」はすぐ除去する
- 吹きこぼれ、油汚れを放置しない
- 酸を含むさび取り剤を使わない

鉄や鉄さびがつくと

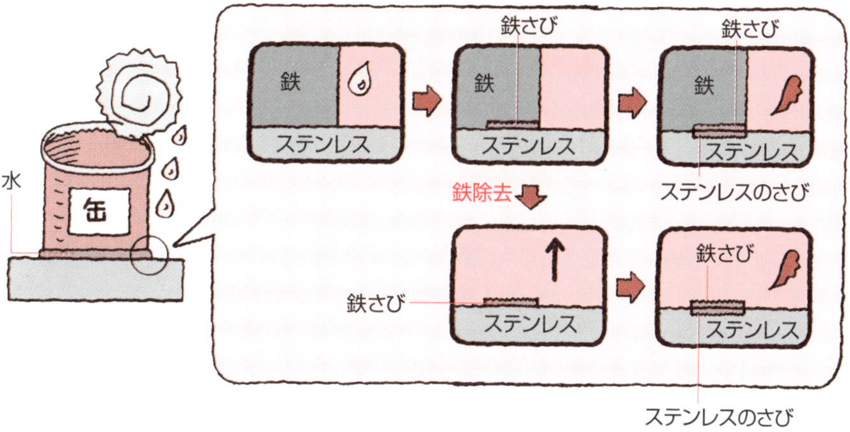

流し台はきれいに

ステンレスの流しの上に空き缶を放置すると「もらいさび」ができ、やがてはステンレスもやられる

48 鉄骨系住宅の注意点

腐食は肉厚の10%が許容範囲

柱に角形鋼管や軽量H形鋼など、梁に軽量H形鋼を使って、構造を支えている鉄骨系住宅は、これらが腐食して強度を失わないことが、最重要です。一般に肉厚の10%が、許容できる肉厚の減少であるとされます。

鉄骨を腐食から守るための防食仕様には、①塗装、②亜鉛めっき、③亜鉛めっきプラス塗装、の3つのタイプがあります。

①の塗装は、塗膜の接着性を高めるために、まず、りん酸亜鉛の皮膜を施し（化成処理）その上に塗装するか、下塗りと上塗りの2回塗装とします。②の亜鉛めっきには、ふつうの亜鉛めっきと、より耐食性の良い、5%のアルミを加えためっきがあります。③の複合タイプでは、亜鉛めっきの上に、りん酸亜鉛の化成処理をしてから、塗装します。

一定の防食仕様の場合、鉄骨の腐食の進行は、その地域の大気の腐食性に依存しますが、ある大気環境下でも、屋外に露出しているか、屋内にあるかが、大きく影響します。屋内に比べ、屋外のほうが、腐食の速さは7倍程度とされています。

しかし、屋内の腐食環境は、部位によって大きく違います。腐食環境が悪ければ、屋外の七分の一では済みません。環境を悪くするのは、湿度と、塩化物など吸湿性の付着物です。この意味では、床下が最悪で、防湿、換気などの措置が必要です。床下でなくても、水が侵入したり、水を長時間含む物質と接していますと、腐食は大きくなります。浴室からの漏水や、取り付けの悪いサッシから結露や雨水が侵入することには、気をつけなければなりません。

鉄骨は容易に点検・補修できません。高グレードの防食仕様に加えて、防湿措置を施し、水の侵入に備えた設計や、良質の施工が必要です。住む人は、露出部の腐食や水の侵入などに、注意を向けなければなりません。

要点BOX
- ●防食仕様に3タイプ
- ●屋外に比べ屋内腐食は1/7倍の速さ
- ●屋内の腐食環境は床下が最悪

ACMセンサーによる屋内部位別腐食性の判定

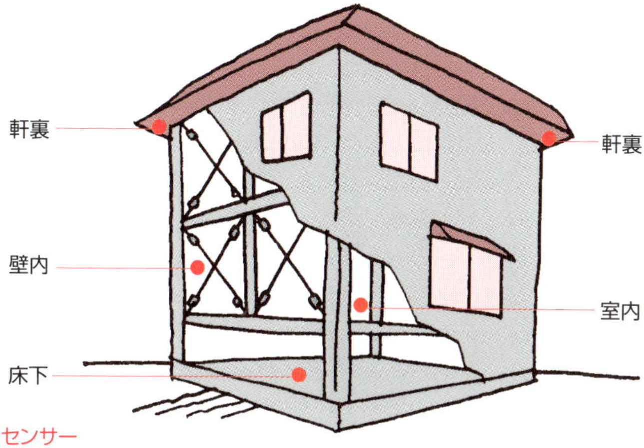

ACMセンサー

炭素鋼基盤の上に絶縁ペーストを介して銀の導電ペーストが多数の線状に塗布してある。炭素鋼と導電ペーストの間に流れる電流を経時的に測定する。湿度が低く乾燥していれば電流は流れないが、湿度が上がり、センサー表面に水分が付着すると電流が流れる。付着水分が多く、付着塩分が多いほど、腐食性が大きい。ACMセンサーを住宅の種々の部位に設置すると、部位別の腐食性の大小が測定できる。

ACMセンサー

［篠原、元田：防錆管理、40（10）、328（1996）］

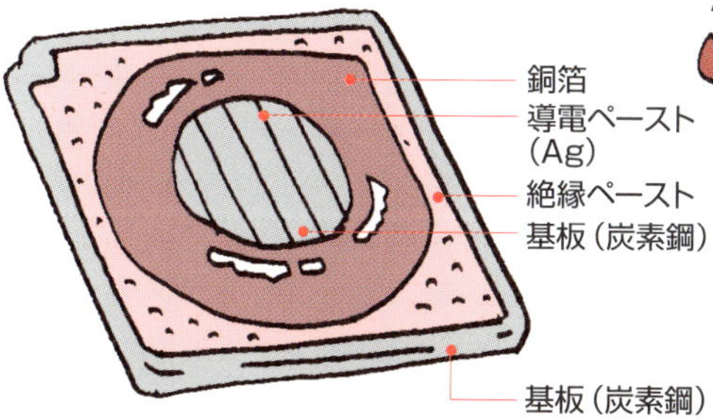

電流の測定

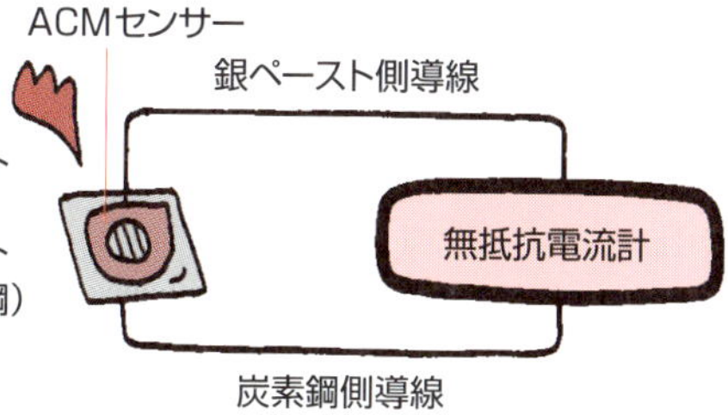

測定例（イメージ）

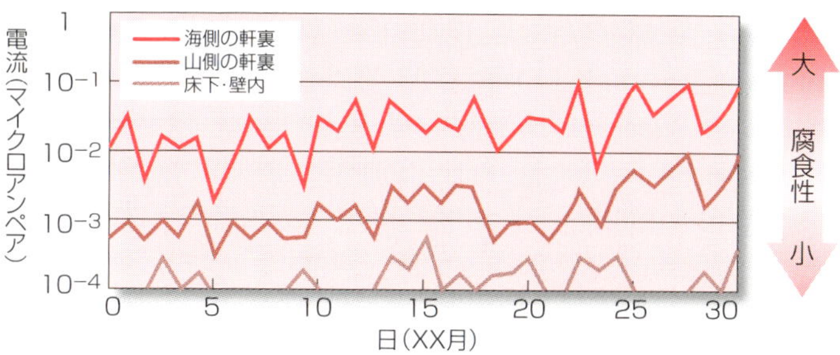

49 蛇口からなぜ赤い水が？

細かいさびが混ざって赤くなる

今では新しい工事には使いませんが、以前、ほとんどの住宅の水道管には、亜鉛めっき鋼管が使われていました。20～30年以上前に建てた住宅には、まだ残っています。そして、春先から秋にかけて、朝、蛇口をひねると、しばらくの間、赤っぽい水が出ます。「赤水」とよんでいますが、水道管内面の腐食でできた細かいさびが、水に混じっているのです。

亜鉛めっきは、水による腐食によって、大体、数年で無くなります。鉄地が露出しても、さびがきっちりと表面を覆えば、赤水はあまり問題になりません。ひどい赤水が出るのは、配管の内面に、8で述べた「さびこぶ」ができる場合です。

通気差電池の作用によって、さびこぶの下で、かなり速い腐食が進行します。腐食によって最初にできるのは、無色に近い第1鉄イオン（Fe^{2+}）です。これが水に溶けている酸素によって酸化され、第2鉄イオン（Fe^{3+}）になります。第2鉄イオンはすぐに赤いさびに変わり、水に浮遊して赤くします。

配管を取り替えない限り、赤水を抑える良い手段はありません。防食剤として、ポリりん酸塩やメタけい酸塩を入れますと、腐食を抑制できますが、水を飲む人の健康を考えますと、十分加えられません。少量では腐食は止まりませんが、これらの薬品の化学作用によって、赤い色は消えます。一応の対策にはなりますが、一般住宅では使われていません。

鋼管の中に塩化ビニルの管を挿入・接着した、塩ビライニング鋼管なら、大丈夫のはずです。しかし、工事が悪くて、赤水が出る場合があります。配管は、継手管を使ってねじでつなぐのですが、配管の切り口では鉄が露出しています。ここをゴムリングなどの部材のついた継手管を使ってカバーしますが、納まりが悪いとカバーが不完全になり、赤水となるのです。

現在、屋内水道配管の多くはプラスチック管で、一部に塩ビライニング鋼管などが使用されます。

要点BOX
- ●亜鉛めっきは腐食によって数年でなくなる
- ●塩ビライニング鋼管は良い施工が重要

赤水が出るしくみ

鋼管の腐食（とくにさびこぶ下）

↓

第1鉄イオン（さびにならない）

- 酸化 ↓ 第2鉄イオン
- 水酸化物イオンとの反応 ↓ 赤さび
- 細かいさびが水に浮遊 ↓ 赤水

第1鉄イオン → ポリりん酸塩などの添加 ↓ 鉄の錯イオン（無色）※

※腐食が止まったわけではない

塩ビライニング鋼管の管端の防食

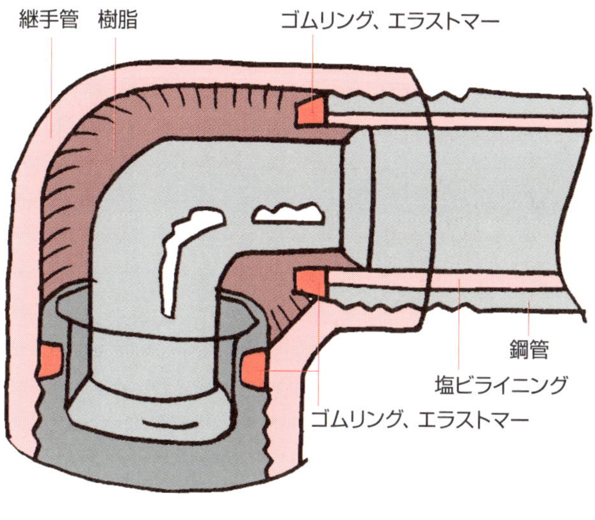

管端防食継手を使うとゴムリングなどがあるので、管端は水に露出しない

50 給湯管は大丈夫か？

高い温度では腐食が速い

一般家庭のお湯の配管は、ふつう、湯沸かし器から、台所と、洗面所・浴室までの間にあります。

以前は、亜鉛めっき鋼管が多く使われていました。温度が高いため、腐食によるめっきの損耗は水道配管よりずっと速く、さびこぶが発生して、赤水となることがよくありました。また、さびこぶが大きくなって、配管がさびで詰まることも、問題でした。最近の施工には、銅管、ステンレス管、耐熱塩ビライニング鋼管などが使われます。

銅管は良い耐食性を持っていますが、水質によっては、32で述べたように、孔食が起こります。水質の影響が大きいのですが、使用する水道水に含まれる殺菌用の塩素（塩化物イオンではありません）も、孔食の発生を促進します。ホテルや病院では、お湯は一度貯湯槽に貯められますので、ここでほとんど飛んでしまいますが、家庭のシステムでは直接配管へ送られますので、影響が出やすいのです。

ステンレスの配管には、孔食、すきま腐食、応力腐食割れの可能性があります。しかし、水道水中の塩化物イオン濃度は低く、メカニカル継手も工夫されていて、すきまの問題は少ないうえ、家庭用の給湯は50℃以下と温度が比較的低いですから、あまり腐食問題を聞きません。

亜鉛めっき鋼管の赤水やさび詰まりは、年月が経つにつれて発生しやすいのですが、銅管やステンレス管で腐食のトラブルが発生するとすれば、ふつう、使用開始から最初の数年の間です。新築後、しばらくはとくに注意していると良いでしょう。

耐熱塩ビライニング鋼管の問題は、49で述べたのと同じように、ねじ継手部の、鉄が露出している部分のカバーが悪いと、腐食することです。

住宅での腐食は、水道やお湯の配管でいちばん深刻です。配管が壁や床に埋まっていると、補修が大変ですから、配管スペースに納めるのが賢明です。

要点BOX

- 亜鉛めっき鋼管はもたない
- 使うなら銅管、ステンレス管。ただし、どちらも条件によっては穴があく

給湯管材料と腐食

配管の種類	起こりうる腐食	発生条件
銅配管	**孔食(Ⅰ型)** 密集した広く浅い孔食 (軟質の銅管)	①硬度の高い水(給水) ②けい酸濃度の高い一過式軟水の地下水など(給水・給湯) ③塩化物イオン、けい酸イオンが高く、pHが比較的低い軟水(開放型蓄熱槽を使う空調配管) ④一般にマトソン比※が1以上の水
	孔食(Ⅱ型) 分散し狭く深い孔食(硬質の銅管)	①マトソン比※が1以下の軟水で残留塩素、けい酸の多い水(給湯管)
	衝撃腐食　涙滴形の孔食	①高流速(約1メートル/秒以上)の配管
ステンレス配管(SUS 304)	応力腐食割れ	①通常の水質では生じない ②溶接時に生じたスケールをそのままにしておくと、その下で起こりうる ③溶接不良で給湯が漏れて塩化物イオンが濃縮すると応力腐食割れが起こりうる
	孔食	
	すきま腐食	
塩ビライニング鋼管	赤水	①管端部の処置が悪く、鉄地が露出しているとき(49参照)
亜鉛めっき鋼管	さびこぶ下の孔食(8、30参照)	①一般的に発生 ②近年の施工では使用しない
	さびこぶによる閉塞	
	みぞ状腐食(電縫鋼管)(30参照)	

※マトソン比:(炭酸水素イオン濃度)/(硫酸イオン濃度)　(質量濃度比)

用語解説

メカニカル継手:配管を機械的に締め付けてつなぐ継手。構造上、重ね合わせ部分にすきまがある。細いステンレス配管では溶接やねじ切りが難しいので、よく使用する。

51 土中の配管の穴あきに注意

配管と鉄筋は絶縁する

39で述べましたように、鉄筋コンクリートの住宅で、土中の配管が建物に入るところなどで鉄筋に触れていると、数年以内に、土側からの腐食で穴があくことが、非常に多いのです。もちろん、一戸建ての住宅でも起こりますが、鉄筋コンクリート造のマンションで多発しました。

さいわい、配管技術が進んで、1980年代後半以後に建てられた鉄筋コンクリートの建物では、配管は鉄筋から絶縁されています。

それ以前の建物では、配管と鉄筋は絶縁されていません。しかし、ほとんど腐食しません。腐食する状態にあれば、すでに穴があいていたでしょう。絶縁工法が採られていなくても、配管が鉄筋に触れているとは限りません。また、急速な腐食が起こるのは、配管につながっている鉄筋の量が多く、配管に対する鉄筋の表面積の比が大きいときです。これが小さければ、腐食はあまり激しくありません。鉄筋と接触していても、建物まわりの土が非常に乾燥していて抵抗が高く、電流が土へ流出しにくい、という場合もあるでしょう。

心配でしたら、専門業者に頼めば、腐食進行の危険度を測定できます。一つには、電位を計ります。電流の流出が大きいほど、電位は高い値になります。電位は難しい概念ですが、測定は簡単です。基準となる電極を配管の上の土に浅く埋め、配管との間の起電力を測定しますと、電位の値が分かります。

これだけでは断定できないことが多いので、同時に、配管内を流れるマクロ腐食電池（5参照）の電流の大きさを、計ることもあります。また、仮に電気防食（18参照）の電流を流して、配管がどれだけ防食されるかを調べるのも、一つの方法です。配管が鉄筋に触れていると、電流は鉄筋にも流れるので配管に少ししか入らず、十分防食できないことから、接触の有無が推定できるのです。

要点BOX

- ●電位を測れば腐食の危険度が分かる
- ●電流の流出が大きいと電位は高い
- ●あわせて管内を流れる電流測定も

配管の腐食の危険性を知るには

①電位の測定

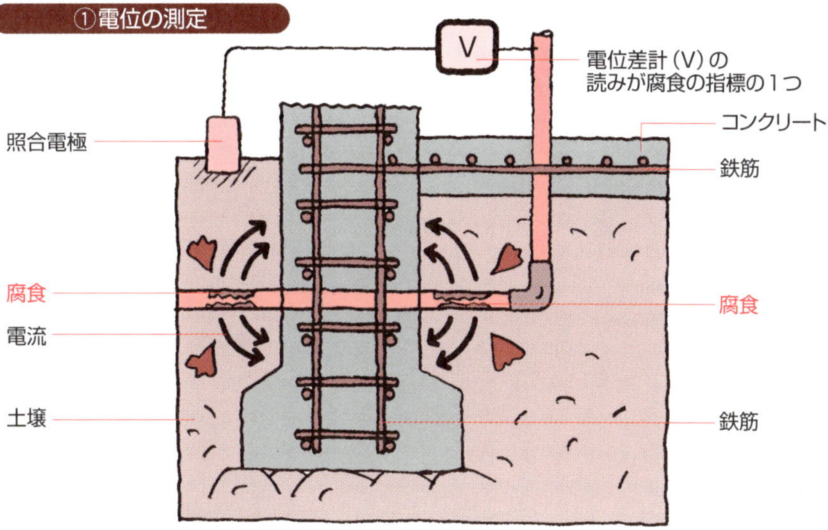

②流れる電流の測定

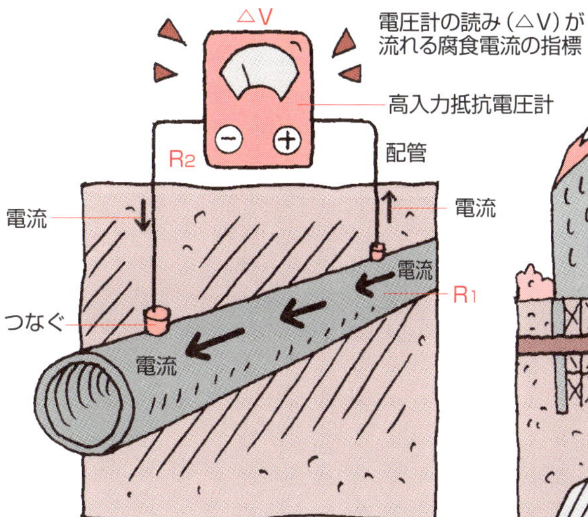

R1：測定区間の配管の電気抵抗
R2：電圧計の電気抵抗

$$配管を流れる電流 = \triangle V\left(\frac{1}{R_1}+\frac{1}{R_2}\right)$$

52 自転車をさびから守ろう

さびやすいのはスタンドの止め部やサドルのサポート

身のまわりで、さびやすいものの一つは、自転車です。自転車の構成材料の主なものは、鉄です。もちろん、塗装、あるいは、クロムや亜鉛のめっきなどによって防食されていますから、手入れが良ければ長期間さびません。しかし、自転車置場に屋根があっても、雨は吹き込みますし、露天に放置されている自転車も、少なくありません。

最近の高級な自転車のフレームには、アルミ合金、チタン合金、炭素繊維強化プラスチックなども、使われています。軽量化や強度の向上が主な目的ですが、さびない、さびにくい、という長所もあります。

鉄でできた部分は、傷が付いて塗装やめっきが剥がれますと、当然さびやすいのですが、そうでなくても、スタンドの止め部や、サドルの高さを調整するサポートなどは、塗装できないうえ、雨水が溜まりやすいので、もっともさびやすい部分です。

自転車をさびさせないためには、なるべくぬらさず、ぬれたら布などで、水分をよくふきとることです。また、適切な防錆油を塗ります。チェーンやギアがさびにくいのは、潤滑のために塗った油の効果です。

チタンやステンレスを、鉄やアルミ合金とつないで使うと、つないだ部分の近くの鉄やアルミ合金に、異種金属接触腐食（7参照）が起こる可能性があります。鉄とアルミ合金の組合せでは、アルミ合金の腐食が促進されます。ふつう、これらの間を絶縁するわけにはいきませんので、取合せ部の付近にグリースを塗って、環境側で電流を止めればよいでしょう。

もしさびが生じたら、なるべく早く除去することです。さびはさびをよびますし（20参照）、腐食が進めば、えぐれてきます。さび取りには、市販のさび取り剤を使えばよいのですが、酸の作用が強いものは避け、説明書をよく読んで、対象金属に合うものを選び、正しく使うことが肝要です。

要点BOX

- ●ぬれっぱなしにしない
- ●さびたら早い手入れが重要、さびはさびを呼ぶ
- ●さび取り剤は適切なものを

さび取り剤をうまく使おう

さび取りする金属の特定	鉄、亜鉛めっき、アルミ、ステンレス　ほか
さび取り剤の選択	塩酸系（ほとんど無い）、りん酸系（多い） 錯塩化剤、キレート剤系（しばしばアルカリ性）
さび取り剤をつける	説明書に従う
さびをゆるめるためにしばらく待つ	さびは剥がれやすくなる
さびを拭き取る（こすり取る）	布、ブラシなどを使う
さび取り剤を除く	水をふくませた布で拭くか水で洗う （酸付着のままではさびやすい）
防錆油などを塗る	放置するとまたさびる

注意：①亜鉛めっきには塩酸系、アルミにはアルカリ性のものを避ける（説明書に適用対象金属が記載されている）。②とくに酸性のものは、さび取り後に付着しているとさびやすい。③一度さびた面は防錆力がないから、防錆油塗布や塗装が必要。

とくにさびやすい部位（鉄製の場合）

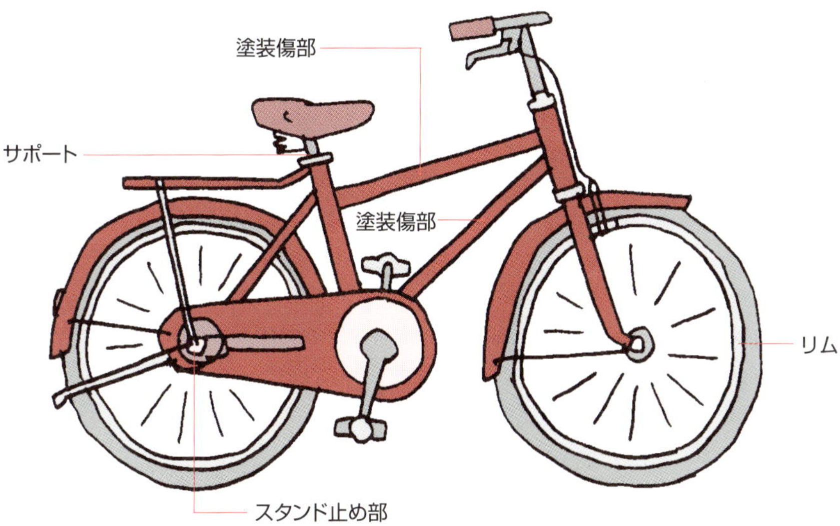

53 車のさびと穴あき対策

最近のボディは亜鉛系のめっきで塗装

車の腐食には、ボディのさびや穴あきなど、主として外観の劣化が問題になるものと、マフラーの腐食のように、機能に関わるものとがあります。ここでは、ボディの腐食について述べます。

少し前までは、ボディは化成処理をした鉄板に、直接塗装していました。ところが、1970年代後半、北米など冬期に積雪が多い地域で、これを溶かすために散布する融雪塩が車に付着して、短期間にさびや穴あきが生じることが、消費者保護の立場から問題になり、対策が進められました。

対策は、亜鉛めっき系のめっきを施した鉄板を使い、その上に優れた塗装をすることです。融雪塩の使用の有無に関係なく、国内の車にも普及しています。

腐食しやすい部分の代表は、ドアの下とフードの先端部です。ドアやフードでは、外側の板と内側の板を袋状に合わせ、下部や先端部で外側の板を内側に折り返し、内側の板をこれに寄せて接合します。そのあとで、めっきと同じように、電流を通じて塗装をします（電着塗装）が、接合部には電流がうまく届かず、よく塗装されません。こういう部分には水が入って溜まりやすいので、腐食が進むのです。めっきした鉄板を使えば、腐食は軽減されます。

ボディの前面、とくにフードやルーフの先端は、ほかの車が跳ね上げた小石があたって、塗料に傷が付き（チッピング）、さびやすくなります。ボディの下面では、自車がチッピングを起こします。

ボディパネルの端面（プレス打ち抜き面）にはバリが生じやすく、その先端では焼き付けるとき塗料が逃げ、塗膜は残りません。高いバリを作らないプレス方法の工夫や、塗料の改善が行われました。

最近の車は、さびや腐食に強くなっていますが、傷を付けず、付けばすぐ補修する必要があります。日頃よく洗って、泥などの汚れを取り、ワックスをかけて、塗膜の劣化を防ぐことが大切です。

要点BOX
- ●ドアの下とフードの先端がさびやすい
- ●塗膜に傷を付けない
- ●日頃よく洗い、ワックスをかける

車の腐食

さびた自動車

よくさびている部位に注意

Column

日本を荒廃させないために

わが家の腐食対策も大切ですが、最後のコラムは次の章に関連して、橋、港、空港など、社会資本を腐食から守ることが、いかに重要であるかを述べましょう。

1981年、米国で『荒廃するアメリカ』※という本が出版されました。戦後、1950年代の黄金時代の豊かな社会を満喫した米国は、1965年頃から緊縮予算とインフレによって、公共事業投資額を減らしました。その結果、既存の社会資本の補修や維持管理が不十分となり、橋、道路、鉄道、空港、港、ダム、水道施設などの老朽化が進んだのです。

1980年近くなると、たとえば橋では、全米57万橋のうち、半数弱の26万橋に改修や更新が必要となり、都市の水道は平均80年を超えて老朽化し、漏洩が頻発しました。

通れないか通りにくい橋がいっぱいあり、水道本管の破裂が相次ぎ、道路、ダム、堤防なども危ないとなると、社会不安は深刻です。再生のために、その後の20年間に必要な投資は、1兆ドルとも3兆ドルとも言われました。

老朽化の原因は腐食ばかりではありませんが、腐食が大きく関与していることは、確かです。

わが国の社会資本は1955年以降のものが多く、比較的若いので、老朽化は一般にはあまり注目されませんが、1980年頃から港、橋などに、問題が出ています。

高齢化社会を迎えたわが国では、今後、社会資本の整備に、あまり金をかけられません。ですから、本四橋以来、橋は少なくとも100年の寿命をもたせる方針になっています。今後建設される海上空港も同じです。このためには、防食は最重要項目で、防食設計や維持管理が、大きな課題です。

※Pat Choate, Susan Walter, "America in Ruins",1981;岡野行秀監修、和田一成訳、「荒廃するアメリカ」、開発問題研究所、1982

第8章

防食が豊かな社会を守る

54 橋には100年の寿命が必要

鋼橋の塗替期間の延長が重要

橋には鉄道橋と道路橋がありますが、ここでは道路橋について述べます。道路橋には、川や海をわたるもののほか、首都高のように、高架にするためのものが多数あります。鋼構造のものと、鉄筋コンクリートのものがあります。鋼橋のほうが建設は容易ですし、軽いため地盤的な制限が少なく、長い橋が可能で、デザインの自由度が高いなど、種々の利点がありますが、問題は腐食です。

防食のために塗装しますが、塗装は年月が経つと劣化します。23で述べたように、ふつうの塗装では数年から10年ごとに、塗り替える必要があります。これには、大きな費用がかかります。また、近年、3K忌避や高齢化のために、橋の塗装技能者が減っていて、その確保も大変です。対策は、良い塗装を行って、塗替期間を長くすることです。

もう1つの課題は、橋を長もちさせるニーズが大きくなったことへの対応です。最近まで、わが国の橋の設計寿命は、50年でした。しかし、経済の高度成長は望めず、高齢化が進むわが国では、将来、橋を50年で更新することは、難しくなります。このため、最近では、橋には100年以上の寿命を持たせるようにしています。寿命にかかわる因子のうち、台風、地震、疲労（62参照）には、強度を上げることによって対処できますが、十分な防食を維持するには、塗替期間の延長が不可欠なのです。

本四連絡橋では、良い素地調整の上に、例えば、エポキシ樹脂系塗料に、ふっ素樹脂系やポリウレタン樹脂系の塗料を厚く塗り重ねた、優れた耐久性の塗装を行いました。塗装の寿命はかなり長くなりましたが、100年はもちません。頻度の高い点検を行い、劣化部分が見つかるとその部分をすぐ補修し、高価な全面的塗替えを行わない方針です。

このような塗装を重防食塗装とよびますが、最近のすべての長大海上橋に、使われています。

要点BOX

- 塗替えは費用も人手も大変
- 耐久性の良い塗装で塗替期間を延長
- よく点検してすぐ手入れ

鋼橋を100年もたそう

余部の鉄橋は塗替えを重ねて100年近い年齢を誇っているが…
余部鉄橋　山陰線、鎧駅・久谷駅間　1911年完成

最近の長大橋の塗替えはお金も人も足りない
耐久性の良い塗装が頼り

55 鉄筋の腐食でビルは死ぬ

中性化、ひび割れ、塩分

鉄筋コンクリートは、圧縮荷重には強いが引張荷重に弱いコンクリートを、鉄筋で補強したものです。鉄筋なしには成り立ちません。腐食しては困ります。

コンクリートのようなアルカリ性環境では、鉄は不動態皮膜を作ってステンレスのような性質となり腐食しないことは、すでに述べました（9、40参照）。鉄筋は、基本的には腐食しない環境にあるのです。ところが、いくつかの理由で腐食が起こります。

その一つは、コンクリートの中性化です。コンクリートがアルカリ性を示すのは、コンクリートが固まるとき、原料のセメントと水の反応でできる消石灰：水酸化カルシウム［Ca(OH)$_2$］が、アルカリ性を与えるからです。空気中の二酸化炭素は、このアルカリ成分と反応して、中和します。中和はコンクリートの表面から起こりますが、しだいに内部へ進みます。そして、何十年といった長い年月のうちには、中性化が中の鉄筋の位置に達します。こうして、鉄筋の腐食が始まります。

もっと早く、鉄筋が腐食する原因があります。それは、コンクリートのひび割れです。施工や養生の不適切、厳しい使用条件などによって、ひび割れができます。ひび割れが鉄筋に届きますと、その部分は中性化して、腐食が生じます。

中性化していなくても、コンクリート中にかなりの塩化物イオンがあると、鉄筋は腐食します。ステンレスが塩化物イオンに弱いのと同じです。よく洗わない海砂を、コンクリートの原料に使うこと、あるいは、付着した飛来塩分が、コンクリート内部へ侵入することが、塩化物イオンが入る理由です。

鉄筋の腐食を防ぎ、鉄筋コンクリート構造物を長もちさせるためには、ひび割れや塩化物イオンを避けることが、まず必要です。さらに、コンクリートを密実化して中性化の進行を遅くし、また、鉄筋までのコンクリートの必要な厚さ（かぶり）を、確保します。

要点BOX
- 中性化が鉄筋位置まで進むと腐食
- 中性化しなくてもひび割れや塩分で腐食
- 塩分・ひび割れ回避、中性化の遅いコンクリートで長寿命

鉄筋はどうして腐食する?

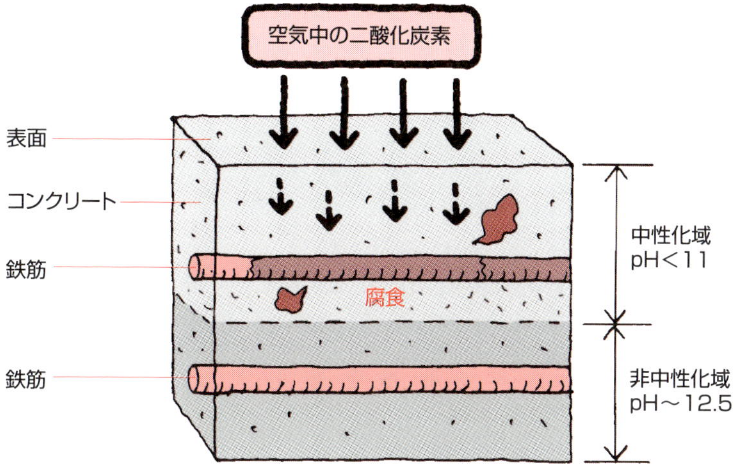

中性化が進んだ部分で腐食

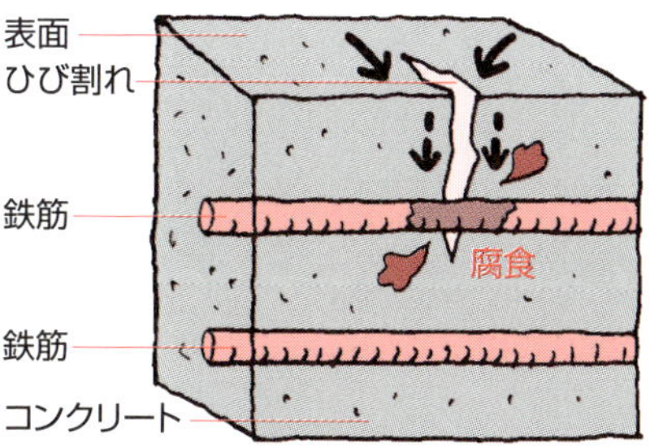

ひび割れが鉄筋に届いた部分での腐食
(中性化していなくても起こる)

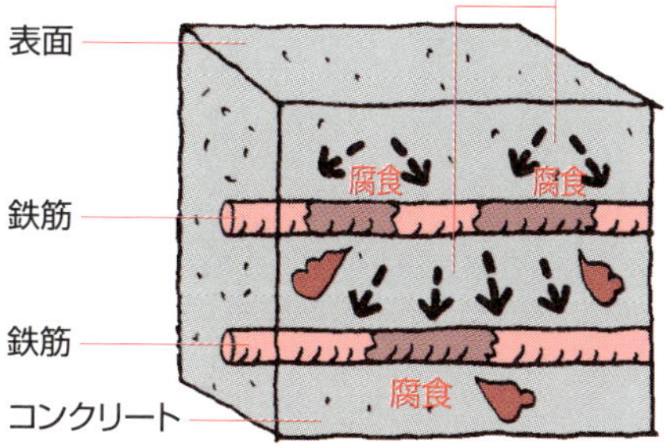

塩化物イオンの作用による腐食
(中性化していなくても起こる)

塩化イオンを入れない	海砂はよく洗って使う 潮風から守る
ひび割れを作らせない	良い仕事
中性化の進行を遅くさせる	密実なコンクリート (生コンの良い調合) 中性化を遮る表面仕上げ (例:タイル仕上げ、塗装)

56 鉄骨ビルと腐食

工場で下塗り塗装、現場で補修塗装

鉄骨ビルは、鉄の柱と梁で強度を保っています。鉄骨が腐食して、強度不足となっては困りますから、塗装を行います。

柱や梁は、原材料を鉄骨製作工場で加工して、建設現場に運搬・搬入されます。加工の最終段階で、塗装されますが、これは、下塗りです。ブラスト法などによって素地調整を行った上に、ほとんどの場合、油性のさび止め塗料を塗ります。ふつう、35マイクロメートルの厚さを、2回塗ります。建設工事のときボルトや溶接で接合する部分は、塗装が悪影響を与えるので、塗り残します。

現地で鉄骨の建方が終わると、接合部や、運搬・工事で塗膜に傷が付いた部分に、工場の塗装と同じ仕様の、補修塗装を行います。ふつうは、これでおしまいです。本来、大気中の構造物の塗装は、下塗り、中塗り、上塗りで構成されると、14で述べました。下塗りだけで、よいのでしょうか。

1968年に完成した霞が関ビルは、わが国最初の高層ビルで、下塗りだけの鉄骨造です。20年ほど経って大規模な改修工事をしたとき、鉄骨のようすを調べました。腐食はほとんど無なかった、というのが結果です。このようなビルでは、24時間、空調を行っています。鉄骨には汚れは付着せず、空調された環境にあるので、腐食するには湿度が低いのです。しかし、全館空調が無かったり、断続的であれば、結露や目に見えない付着水分によって、腐食します。

どういう環境に置かれるかによって、塗装のグレードを変える必要があります。中程度の腐食が問題となる環境に使う鉄骨には、フタル酸樹脂塗料の中塗り、上塗りを行えばよいでしょう。環境が厳しければ、エポキシ樹脂系塗料や、エポキシ樹脂系塗料にふっ素樹脂塗料を塗り重ねた塗装が必要です。

鉄骨には、耐火被覆が必要です。塗装は耐火被覆の付着性に影響しますから、その考慮が必要です。

要点BOX
- ●下塗りだけでも24時間空調なら腐食しない
- ●使用環境に合った適切な塗装仕様が必要

鉄骨ビルの塗装

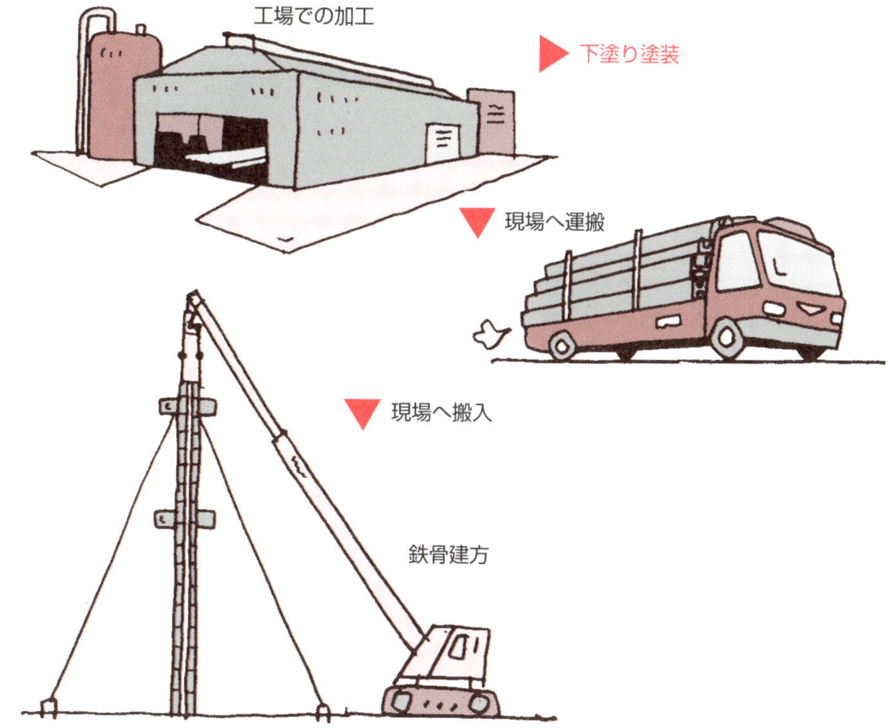

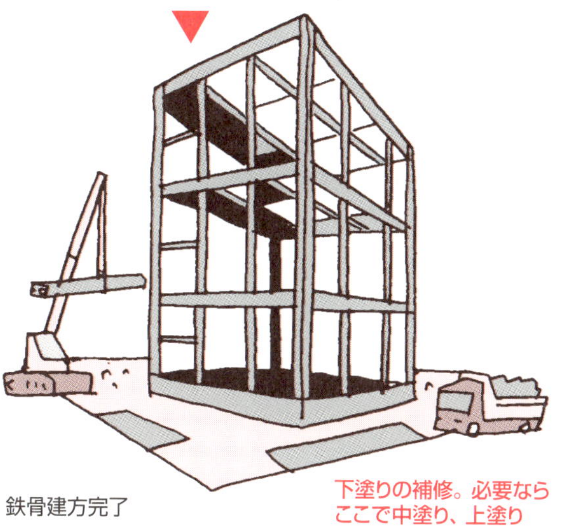

24時間空調のビルなら鉄骨は腐食しないが…

57 港を腐食から守るには

道路や空港と並んで、港（港湾）は重要な社会資本の一つです。

港は海に面しているので、非常に腐食性の厳しい環境にあります。特に、護岸と桟橋が大変です。港の設備には、鉄（鋼）で作られたものと、鉄筋コンクリートのものとがあります。鉄筋コンクリートでも鉄筋の腐食が問題ですが、ここでは、鋼構造物、とくに、護岸の腐食について述べましょう。

鋼矢板や鋼管矢板の護岸は、海底から海面上につながっています。海に立てた鋼杭（34参照）と同じように、海底土、海水、干満帯、海水飛沫帯、大気に接しています。

護岸の上部は、しばしば、陸上部につながるコンクリートに覆われています。コンクリートに覆われた部分の下部が海水に浸ると、この部分が⊕極、海中のコンクリートが無い部分が⊖極となるマクロ腐食電池ができて、海中部分の腐食が促進されます。鉄筋コンクリートの鉄筋とつながっている、土中の配管の腐食が激しくなるのと同じです（39参照）。

ただし、土中と違って海水中では、電流の流出は均一ですから、孔食ではなく、比較的なめらかに減肉します。河口に近いと、表層の海水が淡水で薄まって、電流が拡がるのを妨げますので、腐食の促進が、コンクリートの下端付近に集中する傾向となります。

この影響や、34で述べた干満帯部と海中部との間のマクロ腐食電池の作用で、防食されていない矢板では、海面直下部の腐食が大きくなる場合があります。これには、海底面の深さや、コンクリート被覆部の下端と海との高さ関係が、影響します。

海洋立国であるわが国では、戦後、多数の港が整備されましたが、防食が十分でない施設が多く、1980年代になって、鋼構造の護岸や桟橋の腐食損傷が、目立つようになりました。最近では、35で述べたような、有効な防食が施されるようになっています。

要点BOX
- ●いろいろなマクロ腐食電池に注意
- ●ケースバイケースの防食設計が必要

腐食が問題になる箇所

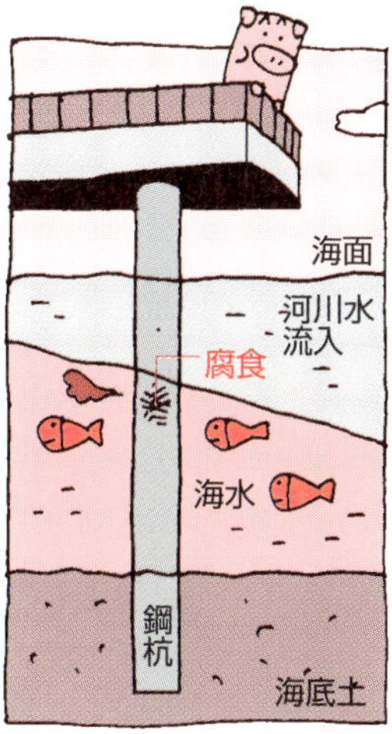

河川水流入部
（酸素濃度の違いが原因）

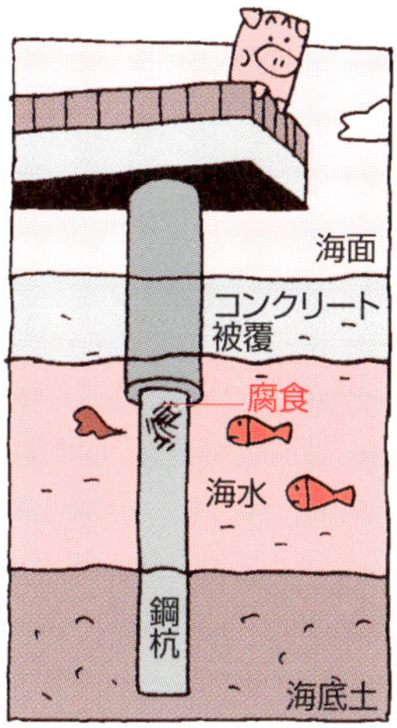

コンクリート被覆直下部

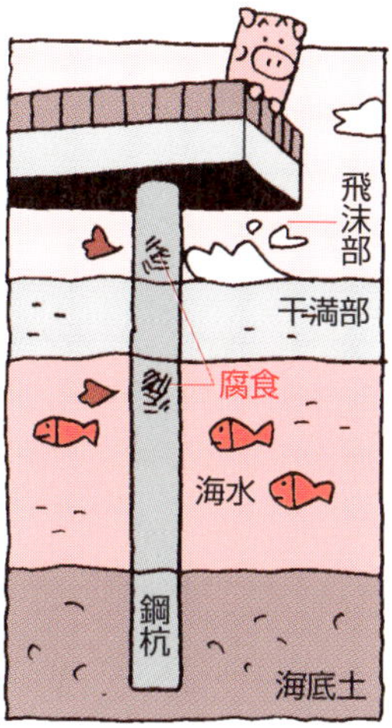

無防食の鋼杭

護岸、桟橋の防食

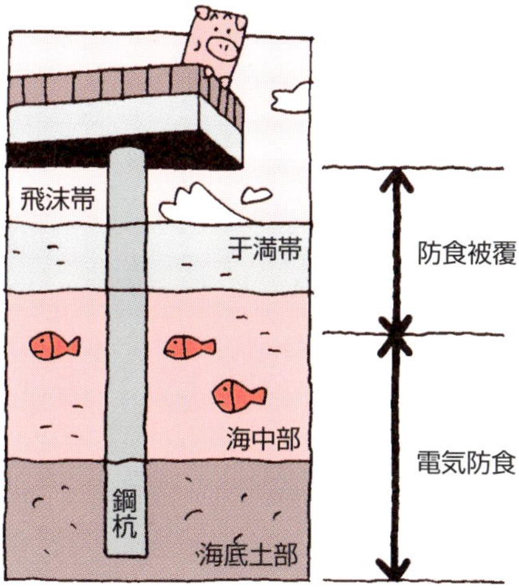

用語解説

社会資本：道路、橋、港、鉄道、空港、水道などの公共施設。
鋼矢板：港や川で、陸側からの土のもれ出しや水の侵入を防ぐための＼＿／などの断面を持つ、細長い鋼材。両端に、つなぎ合わせて壁状にするための継手を持っている。
鋼管矢板：鋼矢板と同じ機能を持つ、鋼管の両側に継手を付けた鋼材。

58 海上空港を作る

広い面積の腐食をどう点検するのか

わが国の海上空港の第1号は、関西国際空港ですが、その後も、海上に空港を作る気運が高まっています。海上空港には、関西国際空港のような埋立方式のほかに、桟橋方式、浮体方式があります。それぞれに、防食が重要です。

埋立方式の場合は、基本的に港の場合と同じです。57の港のところで述べた、護岸を参照してください。

桟橋方式では、上部構造と航空機荷重を支えるための下部構造は、海に直接接します。杭やジャケットで構成されますから、海に建てた杭と同じ腐食環境にあり、腐食がとくに厳しい、海水飛沫帯部、あるいは、海水飛沫帯部プラス干満帯部の防食が、最重要課題です（34参照）。

防食方法の基本については35で述べましたが、問題は、最近の空港には100年という、長い耐用期間が要求されることです。どんな防食システムも、100年間、補修しなくて済むとは考えられません。

例えば、耐食性の優れた耐海水ステンレスで被覆した杭は、かなりの期間、孔食やすきま腐食を生じないことが期待されますが、長期間のうちには、そのような腐食が発生しうることを、想定する必要があります。どのように点検するのか、腐食が発見されたときには、どのように補修するのかを、あらかじめ決めておくのです。腐食してから、技術的にも、コスト的にも、対処できないのでは困ります。

問題は対象面積が広大なうえ、点検のためのアプローチが容易ではないことです。今のところ、大きな費用がかかっても、人海戦術しかないのかもしれません。うまい点検システムの開発が不可欠です。

浮体方式では、平たく広い鉄の箱を、船のように浮かべます。まだ実用例はありません。やはり、海水飛沫帯部の防食がポイントです。そして、桟橋方式と同じように、点検、補修の方法が最大の問題です。

要点BOX

- 埋立方式、桟橋方式、浮体方式がある
- 腐食の基本は同じだが、方式によって防食のポイントが違う
- 有効な腐食管理システムを

海に浮かぶ空港（メガフロート）

広大な面積の防食が必要

メガフロート	浮かぶ巨大な鉄箱
	周囲数キロメートル、防食面積数100万平方メートル
桟橋方式	数十メートルの鋼杭1000本以上の上に上部構造
	防食面積200〜300万平方メートル

用語解説

ジャケット：海洋構造物の海上の部分を支える構造体で、四隅の柱を多数の水平材や斜材でつなぎ合わせて補強したもの。

59 増えたステンレスやアルミの電車

塗装コストをなくすため

最近製造される鉄道車両は、ステンレスやアルミを外板に使ったものが主体ですが、長い間、鉄板に塗装した、鋼製車両が使われてきました。ふつう、20〜30年使われますが、寿命を決める最大の因子は、腐食です。

最近の鋼製車両の塗装は、ブラスト法で素地調整した上に、下塗りとして、密着性の良いエポキシ樹脂系塗料を塗ります。次に車両外板の凹凸を隠すために、不飽和ポリエステル樹脂のパテを厚く塗って、平らになるよう研磨します。中塗り、上塗りは、ポリウレタン樹脂系の塗料です。その塗装の間にも、研磨が入ります。こうして新車両が完成しますが、使用数年毎に塗膜に生じた欠陥を補修し、上塗りを更新します。大変な手数です。そして、15年くらい経つと、大規模の腐食補修が必要になるのです。

わが国で、本格的なステンレス車両が登場したのは、1962年です。優れた耐食性のために、塗装が不要であることが、大きな利点です。また、鋼製車両のように「腐食しろ」(12参照)を必要としませんので、30%くらい軽量化できます。30年くらい、ほとんど劣化しません。主に、通勤電車に使われます。

高強度化できるSUS 301(クロム17%、ニッケル7%)を使いますが、溶接による鋭敏化(10参照)によって、粒界腐食やそれを起点とする割れが、生じることがあります。対策として、炭素量を下げた、SUS301Lが使われます。

わが国最初のアルミ車両の登場は、ステンレス車両と同じ1962年です。鋼製車両の半分という軽さが特徴で、今では新幹線車両の主流になり、数十年の耐用年数を持っています。在来線では無塗装車両が多いのですが、腐食は軽微です。鉄やステンレスとの接触部には、異種金属接触腐食が生じますので、シール材を用います。新幹線車両では、防食と美観のため、鋼製車両と同じ仕様の塗装をしています。

要点BOX

- 鋼製車両は腐食補修に手間とコスト
- 防食に手がかからず軽量化にも役立つ
- アルミは新幹線車両の主流に

車両はメンテナンスが大変

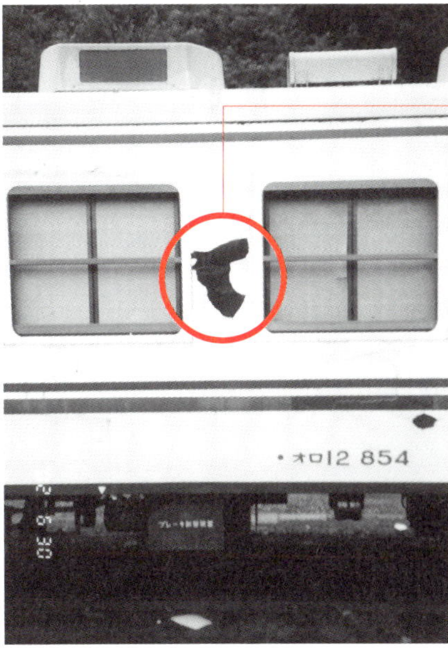

鋼製車両は塗替えをしないと…

塗装のはがれ、さび

塗装のいらないステンレス車両

アルミ車両は塗装してもメンテナンスがらく

60 鉄道レールは大丈夫か？

裸で雨ざらし—鉄製品の例外

塗装やめっきをしない鉄製品を、屋外の雨ざらしの状態で使うことは、ほとんどありません。例外の一つは、鉄道のレールです。もし、鉄道が今から始まるとして、レールを雨ざらしで使うと言われたら、腐食の専門家は、さびてぼろぼろになると、猛反対したでしょう。しかし、1825年、ストックトン–ダーリントン間に本格的鉄道が敷かれて以来、雨ざらしのレールの腐食は、問題になっていません。

レールの頭部は、列車が走るためにこすられて、光っています。そのためしだいに減りますが、これは腐食ではありません。十分厚く作られているので、平均20年以上も使えます。不思議なのは側面です。さびてはいますが、腐食によって厚さが減ることは、ほとんどありません。なぜでしょうか。

その理由は、よく分からないのです。レール用の鉄（鋼）には、硬くするために炭素やマンガンを多く配合してありますが、腐食に強いわけではありません。雨の日、一番電車に乗るとき注意してみれば、頭部がかなりさびているのが、分かります。

ところが、廃線になったりして、列車が走らなくなると、レールの側面はガサガサに腐食してきます。腐食しないのは、上を列車が走ることに、関係しているようです。列車が走ると、レールは摩擦で熱くなり、乾いているためかと言えば、そうではありません。以前に使われていた鋼製枕木は、熱くなったりしませんが、上の面の腐食は、やはり軽度なのです。

どうやら、列車が通るとき風が巻き起こって、レールに吹きつけることが、関係しているようです。酸素がよく供給されて、保護性の良い、特殊なさびができるのでしょう。レールもトンネル内でジメジメしていたり、飛来塩分が多量に付着する場合は、かなり腐食します。このため、日頃の保守点検時には、腐食にも注意することが必要です。

要点BOX
- ●列車が走るかぎり腐食の問題はない
- ●腐食のふしぎの一つ
- ●廃線になると腐食する

レールの腐食は大丈夫か？

列車が走っている間は心配ない

レール第2の人生

レールとしての使用後、駅舎の柱に
使われている（写真はお茶ノ水駅）

レールの断面

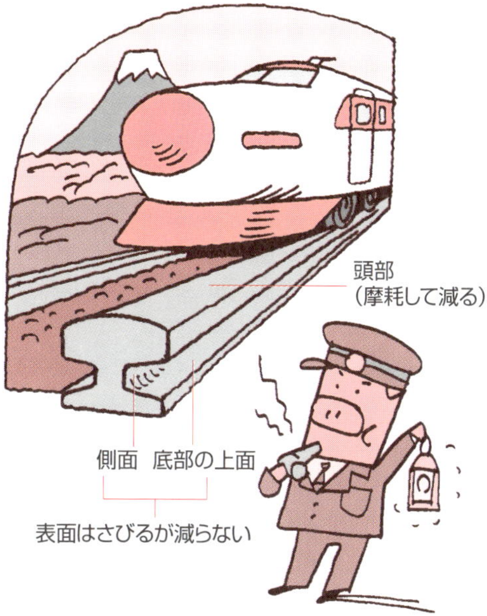

61 船の防食

厚い塗装で保護

船は部位によって、海水に常時浸っていたり、海水の飛沫を受けたり、海上の大気にさらされるなど、厳しい腐食環境にあります。船の構造部材の損傷原因の90％くらいは、腐食です。

ふつう船体は鉄で作られており、塗装によって防食されています。水線から上の部分は、海水飛沫、海水と大気の交互作用などに加え、塗膜を劣化させる紫外線の影響を受けます。塩化ゴム系やエポキシ樹脂系の塗料を用いて、厚い塗装を行います。甲板にも、類似の塗装系を使います。

常時海水中にある船底の部分には、フジツボなどの海洋生物が付着して、船の安定性や航行速度に影響します。これを防ぐため、防食だけではなく、生物付着を軽減する性能を持たせた、防汚塗料とよばれるものを、下塗りのさび止め塗料の上に塗ります。以前は生物に毒性のある有機すずを加えた、塩化ゴム系やエポキシ樹脂系塗料を使っていましたが、すずの環境への影響を考慮して、最近では毒性の低い銅アクリル樹脂を、塗料に加えています。また、物理的に生物が付きにくい塗料も、開発されています。

船のプロペラには、銅合金が使われます。このため、鉄の外板は異種金属接触腐食を生じますので、電気防食を施します。多くは、アルミ合金による、犠牲防食方式です。

バラストタンクには、タールエポキシ樹脂系の塗料が、多用されています。電気防食も併用しますが、タンクの天井部分や海水を入れていないときには、有効ではありません。

従来のタンカーでは、外板のすぐ裏に原油タンクがありました。座礁や衝突によって外板が破損し、原油流出による海洋汚染が頻発しました。最近のタンカーでは船体を二重化しています。この間に海水バラストを積みますが、面積は広く、補修塗装がしにくいので、耐久性の良い塗装が必要です。

要点BOX

- ●船底には防汚塗料も必要
- ●プロペラ（銅合金）の影響は電気防食で対処
- ●重要なバラストタンクの防食

タンカーの防食

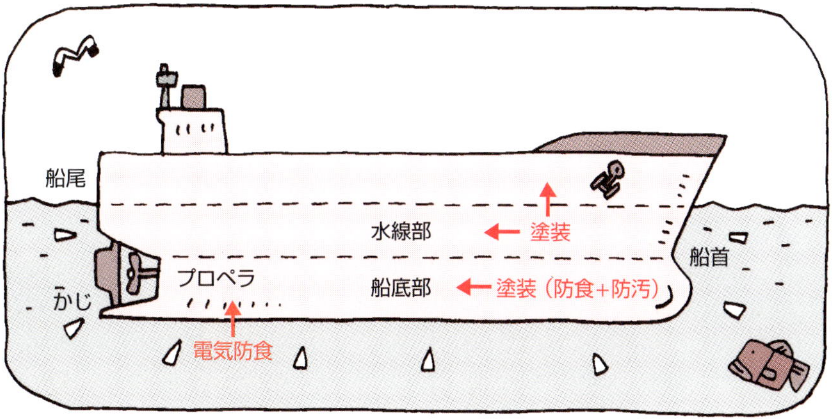

断面

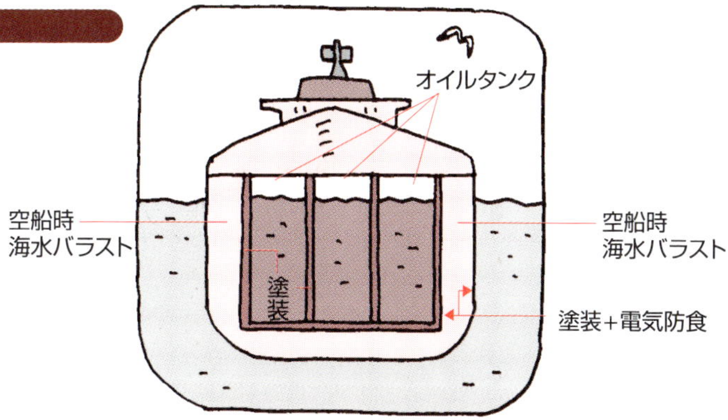

船の構造部材の損傷原因

原因	全船	老朽船
腐食·腐食疲労	77～79%	86～92%
振動	6～4%	ほとんど0%
設計·工作不良	4～11%	ほとんど0%
過剰荷重など	6～3%	6～4%
疲労	7～3%	8～4%

（日本海事協会による）

用語解説

バラストタンク：空船時、船の安定性を保つために積む重量をバラストと言う。ふつう海水を用いるが、これを入れるタンクがバラストタンクである。

62 飛行機の防食

腐食環境では疲労が起こりやすい

飛行機の事故でよく聞くのは、金属疲労という現象です。金属の専門家は、単に疲労と言います。ゼムクリップを伸ばして1本の線にし、これを数回、曲げたり伸ばしたりすると、切れてしまいます。これが疲労です。金属に、繰返し応力が加わったときに起こる現象です。

飛行機の機体には、いろいろの繰返し応力がかかります。ジェット機には、特別の事情があります。外の気圧が低い上空を飛ぶとき、人が生きていられるように、客室内の気圧を1気圧弱に調節しますから、外に向かって応力がかかります。ゴム風船のような状態です。低高度や地上では、外の気圧は中と同じなので、この応力はなくなります。ジェット機は、飛ぶたびに応力の繰返しを受けるのです。このため、局部に応力が集中しない設計になっています。

疲労の発生に、腐食作用は要りません。しかし腐食環境では、疲労が起こりやすいのです。腐食環境で起こる疲労を、腐食疲労といいます。海に近い空港では、飛行機の機体に飛来塩分が付着します。機内でも、腐食しやすい部分があります。腐食を防ぐことは、疲労防止のためにも重要です。

疲労が起こらなくても、種々の腐食問題があります。飛行機の機体は、主に、アルミ合金で作られています。飛行機の材料には高い強さが必要なので、銅を加えたジュラルミン系のアルミ合金を使います。この種の合金は、ふつうのアルミやアルミ合金より、腐食しやすいのです。一つの対策として、高強度のアルミ合金の表面に、耐食性の良い純アルミを張った材料（合わせ金、クラッド材）が、よく使われます。

生じる腐食は、孔食や粒界腐食ですが、アルミ合金を取り付けるのに、鋼製のファスナーを使いますので、その付近の異種金属接触腐食も問題です。

防食のために、アルミ合金には陽極酸化処理（46参照）などの表面処理を施し、塗装しています。

要点BOX
- ●高強度のアルミ合金は腐食しやすい
- ●塗装や純アルミクラッドで対処
- ●鋼との接触による異種金属接触腐食にも注意

航空機の構成と材料

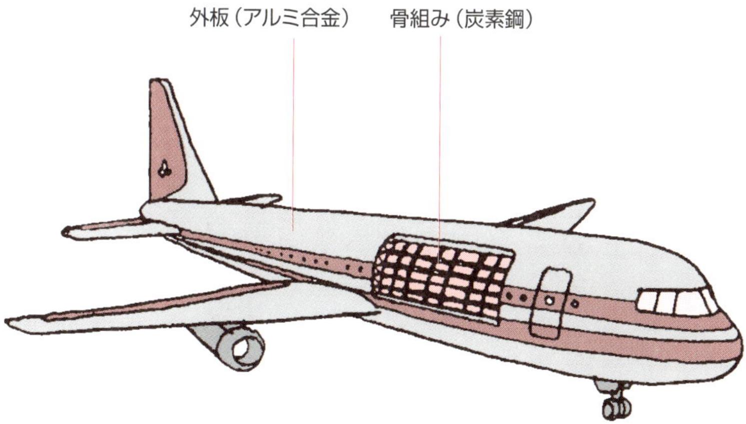

アルミ合金外板の接合

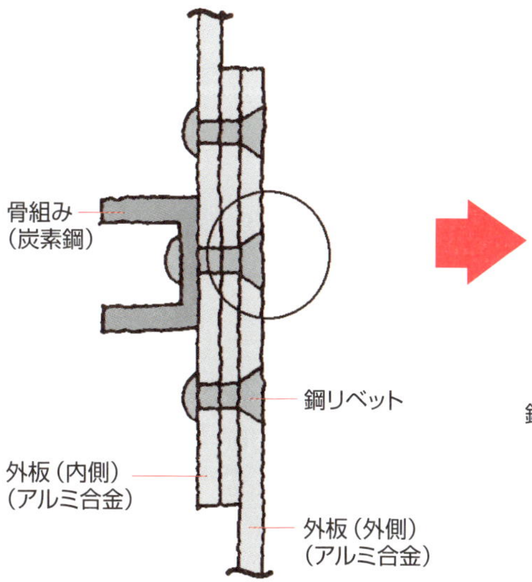

鋼リベットによるアルミ合金の異種金属接触腐食

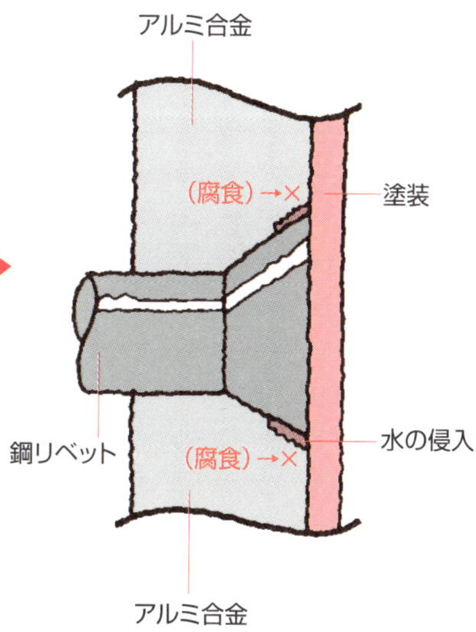

63 原子炉を安全に

大きな腐食問題は2つ

原子力発電では、原子炉内でウランが核分裂によって出す熱を、炉内に送った水に伝えて、発電用の蒸気を作ります。これには、2つの種類があります。

沸騰水型原子炉（BWR）では、加熱されて生じる蒸気を、そのまま発電機に送ります。加圧水型原子炉（PWR）では、水に圧力を加えて加熱後も液体に保ち、これを蒸気発生器という熱交換器に導いて別の水を加熱し、発電用の蒸気を発生させます。

今までに生じた大きな腐食問題の一つは、BWRの高温水配管に使われた、SUS 304鋼管の応力腐食割れです。1974年に米国で初めて発見され、その後、世界の多くのBWRで経験されました。

割れは配管をつなぐ溶接部で生じ、溶接による鋭敏化が原因であることが解明されました。SUS 304を溶接すると鋭敏化するのは常識ですが、水は300℃に近い高温であるとはいえ、高純度水であるため、腐食が問題になるとは、予想されなかったのです。粒界腐食は生じなかったのですが、溶接残留応力の作用で、一種の応力腐食割れが発生しました。原子炉の停止時に侵入した空気（酸素）が、環境側の原因でした。研究の結果、材料、溶接方法、運転方法の改善による対策が、確立されました。

PWRでは、蒸気発生器で問題が起こりました。ここでは、原子炉からの熱水（約140気圧、310℃）を高ニッケル合金製の熱交換器管の内側に通し、外側に送った水を蒸気にします。蒸気発生に使う水中には、防食のために薬剤を加えますが、薬剤からできるスラッジの堆積やアルカリの作用、管板と管との間のすきまの影響などによって、腐食や応力腐食割れを生じたのです。水処理方法の改善、高ニッケル合金の改良などによる、対策が採られています。

このほか、原子炉の漏水などのトラブルが、いろいろ報道されます。腐食が原因のものもありますが、基本をよく守れば、防げる問題です。

要点BOX

- BWRの高温水配管の応力腐食割れ
  ー材料、溶接、運転の改善で対処
- PWRの蒸気発生器の腐食
  ー材料、水処理の改善で対処

沸騰水型原子炉（BWR）による発電

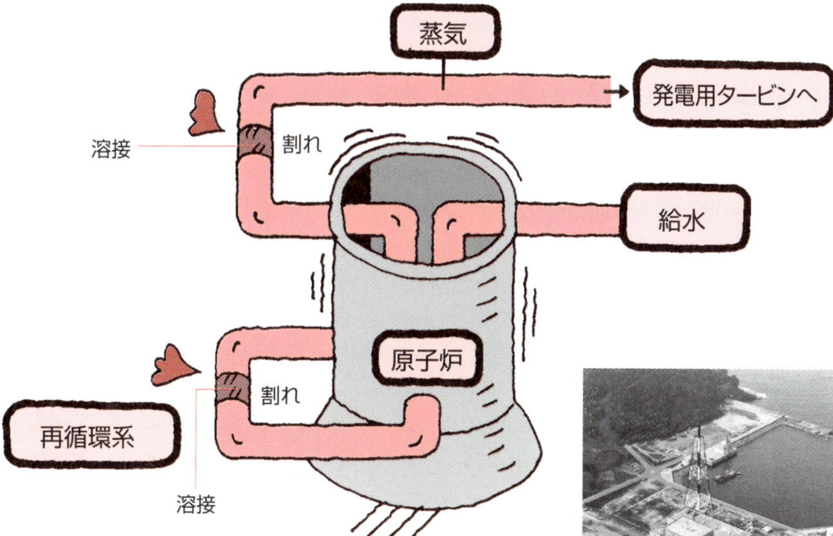

加圧水型原子炉（PWR）による発電

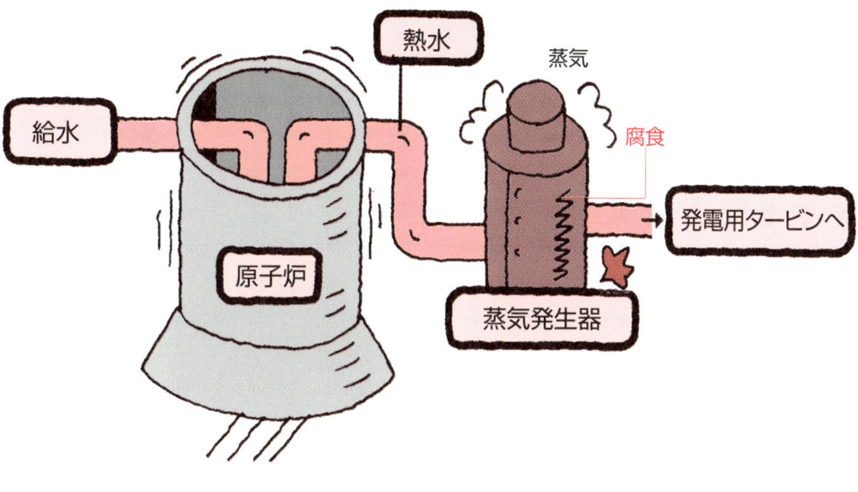

64 街角で見る腐食

近年はアルミ化、プラスチック化で減る

以前、街を歩けば、さびが目立ちました。看板、ガードレール、横断歩道橋、公園のフェンス…。わが国には、高温多湿の夏や梅雨があり、潮風の影響を受ける地域も多いですから、さびやすい風土であると言えます。

ISOが主催して、世界の49地域で行った大気暴露試験のうち、鉄の腐食の順番を見ますと、大きいほうから数えて、沖縄は13位、銚子は17位、東京（新宿）は22位でした。ちなみに、ヘルシンキ（フィンランド）は29位、マドリード（スペイン）は33位、ニューアーク（米国、ニューヨーク市のすぐ西）は34位、ロスアンジェルス（米国）は42位です。

しかし、最近、街を歩いても、ほとんどさびを見かけなくなりました。塗装の高級化、亜鉛めっきやアルミの使用、プラスチックへの変更などが、その理由でしょう。例えば、ガードレールは、以前は塗装しただけでしたが、今では下地に亜鉛めっきをしています。フェンスもアルミが多くなりました。

よく見ると、まだ腐食しているものもあります。多いのは、屋外のコンクリートの床に建てられた、標識や看板の根元の部分です。コンクリートは水を含みやすいので、雨のあと、根元付近はなかなか乾かないのです。それに、コンクリートはアルカリ性で、それに埋まっている部分の鉄柱は不動態化していますから、それにつながって中性の雨水にぬれている根元の部分は、マクロ腐食電池の作用を受けて、腐食が促進されるのです（39参照）。

鉄板に塗装した看板にさびが出ているのを、まだ見かけます。塗り直すと看板の文字も消えるので、そのままになっているのでしょう。

海岸に近いと、自動販売機がさびていることがあります。塗装した鉄板の端面はさびやすいので、さびても見えないように、内側に折り曲げてあります。腐食が激しいと、外側までさびが拡がるのです。

要点BOX
●コンクリートの床に立つ標識などの根元に多い
●海岸の案内板や自販機も

最近さびはあまり見かけないが…

潮風の中で放置された案内板

鉄柱の根元部分の腐食

折り曲げ部分から外に拡がった腐食

65 腐食にも医者がいる

原因を解明し、対策を教える

10年もそのままの、塗装した鉄の看板のさびなど、誰にでも原因が分かる腐食もありますが、多くの場合、専門家でなければ、腐食の原因は分かりません。対策のためには、原因を明らかにすることが必要です。ここに、原因を解明し、対策を教える腐食の専門家、つまり、腐食の医者が登場します。

素人判断は、しばしば危険です。例えば、39で、鉄筋に接触している土中の配管に、穴があきやすいと述べました。配管に穴があいたとき、鉄筋の作用についてまったく知らない人は、材料に欠陥があったと考えて、同じ材料で補修するでしょう。鉄筋との接触はそのままで、事態はまったく変わっていませんから、また穴があきます。

土が腐食性だと考えて、配管に、防食テープを巻いたり、塗装したりするかもしれません。すると、マクロ腐食電池の電流は、テープや塗装の不十分な、限定された部分から流出します。単位面積あたりの流出電流は大きくなりますから、穴があくのは、もっと早くなります。

同じことは、水中で、ステンレスにつながっている鉄についてもいえます。腐食するからといって、鉄だけを塗装すると、塗装の不完全な部分の腐食が促進されます。この場合、ステンレスにも塗装して、マクロ腐食電池の原因である、⊕極の働きを止めるのが正解です。鉄はそのままで、ステンレスに塗るだけでも、効果があります。両方塗れば最良です。

腐食の医者は、腐食の理屈や多数の事例を知っていますから、よくある腐食の場合、起こった状況を聞けば、原因と対策はただちに分かります。確認のために、いくつかの測定や試験を行うのがふつうです。医者がX線写真を撮ったり、尿や血液の検査をするのと、同じです。

もちろん、にわかに判断できない腐食もあります。

要点BOX

- 素人判断は危険ーステンレスにつながる鉄だけに塗装してはいけない
- 専門家にはすぐ分かる典型的パターンの腐食が多い。ただし時には「新種」も

話を聞けばたいてい分かる

医者にはすぐ見当がつく腐食の例

病状	診断
鉄筋コンクリート造の建物のまわりの土中配管に短期間で穴があいた	配管と鉄筋が触れている（39参照）
水配管が内側から一直線に食われて漏れた	溶接部分がみぞ状腐食を起こした（30参照）
ステンレスの屋根がさびた	かなりの塩分が付着する（10、45参照）
水冷却熱交換器のステンレスの管が割れた	塩化物が濃縮して応力腐食割れを起こした（6、10参照）
銅の給湯配管に穴があいた	水質が悪い（32参照）

66 大切な腐食の予測

ライフサイクルコストの見積もりに必要

腐食が起こりうる構造物や装置を作るとき、候補となる材料や、ある仕様の防食を施した部材が、どのくらい腐食するのか、どれくらいの期間使用に耐えるかは、誰でも知りたいところです。

構造物や装置には、使用目的に応じて必要な耐用年数があります。腐食が問題であれば、耐用年数を達成するためには、ある仕様の防食を施し、必要に応じて補修(メンテナンス)することになります。経済性は重要ですから、使用期間を通じてのコストを見積もらなければなりません。いわゆる、ライフサイクルコスト(LCC)です。

それぞれの防食仕様に対するライフサイクルコストを算定するには、腐食の進行を予測して、メンテナンスの時間的間隔を決める必要があります。

経済性のためには、当然、ライフサイクルコストを最小にすることになります。一般に、初期の防食仕様に金をかけるほど、メンテナンスの費用は少なく、防食仕様が低グレードで安いほど、メンテナンスに金がかかります。

工事の発注者は一般に、初期投資額が大きいことを好みません。いきおい、防食仕様も低グレードとなり、あとで金がかかります。しかし、ライフサイクルコストの重要性を理解して、防食仕様を高グレードにするケースも、しだいに増えています。

代表例は、海上長大橋の塗装です。54で述べたように、費用のかかる全面塗替えを避けるために、重防食塗装が定着しています。100年という耐用期間と、部分補修について、塗装の寿命を推定し、ライフサイクルコストを考慮した結果です。

経済の高度成長が望めず、高齢化によってメンテナンスが高価ないし困難になりつつあるわが国では、今後、このような傾向が増大します。それにつれて、腐食の定量的予測が、ますます重要になると思われます。

要点BOX

- 初期の防食に金をかけるほどメンテ費用は少ない
- ライフサイクルコストを最小に
- 重要な腐食の定量的予測

防食にかかるお金（腐食コスト）は最小にしたい

腐食コスト＝初期投資額＋補修費
初めにお金をかけると補修費は安い
腐食コストを最小にするには？

トータルライフでの腐食コストが問題

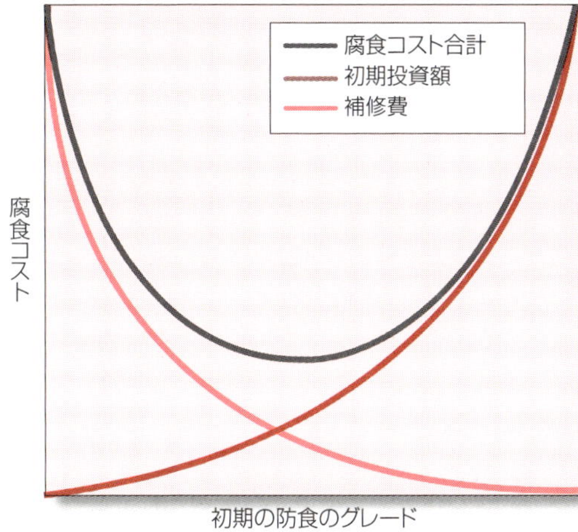

腐食コストを最小にするには…

補修までの期間は？　補修費は？

予測しないとライフサイクルコストは分からない

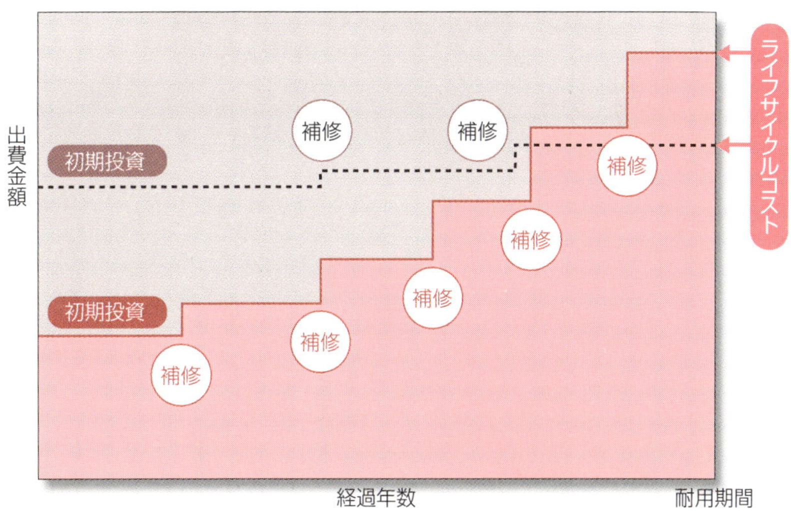

67 日食や月食より予測は難しい

実用データは少なく、環境も変わる

天文学の予測は、驚くほど正確です。日食や月食がいつ起こるかはもちろんのこと、遠い宇宙のかなたからやってくる、ハレー彗星の周期も分かっています。先日の、しし座流星群の予測も正確でした。

それに対し、腐食の予測は、大変難しいのです。ある地域の大気中で、30年後に鉄がどれだけ腐食して減るかを、正確に予測できません。塩化物を含むある環境で、ステンレスに応力腐食割れが起こるかどうかは、自信を持って答えられませんし、いつ起こるかを予測することは、ほとんど不可能です。

大気中の鉄の腐食の因子は分かっていますが、その定量的な影響については、データが少ないのです。大気の状況は地域によって違いますから、いくら努力しても、データを揃えられません。また、将来、例えば、塩化物の濃度が変化するかもしれません。応力腐食割れのような現象には、前述のような環境的な問題に加えて、統計的なバラツキがあります。

いくら難しくても、構造物や装置を作るには、腐食の予測が不可欠です。いちばん頼りになるのは、類似の環境での実績データです。しかし、そのようなデータは少ないですし、あっても、環境がまったく同一とは言えません。

そこで、腐食試験をすることになります。できれば、実際の環境にさらして、腐食データを求めます。しかし、30年使うからといって、30年間試験するわけにはいきません。短期の試験結果から推定することになるので、正確ではありません。それに、試験材料は実際より小さいことが、データに影響します。

腐食環境を強くして、促進試験を行う方法があります。材料の耐食性を比較するのにはよいのですが、促進倍率は分かりませんから、寿命の予測には使えません。

限られたデータから、何とか一応の寿命を予測しているのが現状です。

要点BOX

- 腐食因子の定量的な影響のデータが少ない
- まったく同一の前例はあまりない
- 実用試験は時間がかかり促進試験では促進倍率が分からない

天文の予測は正確だが…

①
②
流星群の日時は ほぼ正確に予測できます
③
しかし、世の中 いつさび落ちるか 予測できないホシも・・・・
④
鉄のモノホシ
アレー
バキ

腐食の予測は難しい

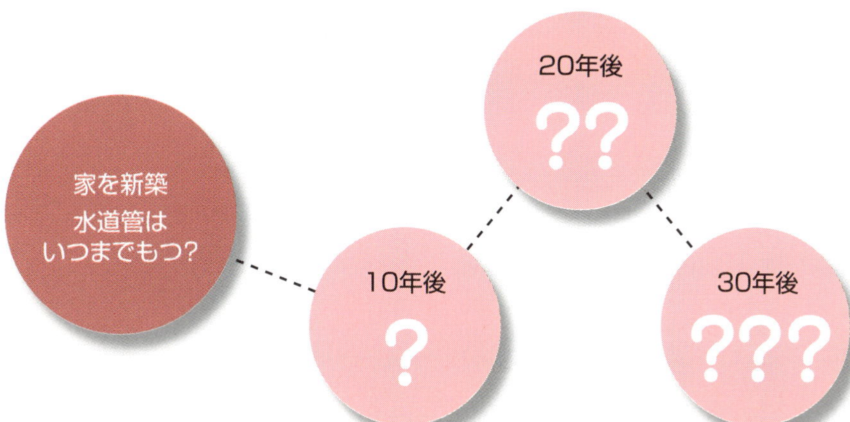
家を新築 水道管は いつまでもつ?
10年後
?
20年後
??
30年後
???

68 腐食を予測する

予測には経験しかない

腐食寿命推定の現状は、どうなっているでしょうか。いくつかの例を述べましょう。

いちばん身近なのは、鉄が大気や水の中で生じる腐食ですが、その速さについては、大体の数字しかありません。環境条件がいろいろ違うということもありますが、防食せずに使うことはまずありませんので、正確な速さは、あまり必要ではないのです。

経験的に、静止した常温の水中では1年に0・1ミリメートル程度（27参照）、臨海大気中では、10年間に0・3〜0・8ミリメートル（22参照）とされています。大気中の塗装した鉄については、大気環境別に、各仕様の塗装の寿命が予測されています。

塗装せずに大気中で使う耐候性鋼（24参照）では、腐食量の予測は重要です。地域別にどれだけとは正確には言えませんが、知りたいのは、橋に使って50年後に、許容できる肉厚減少以内で納まるかどうか、ということです。許容肉厚減少は50年で0・3ミリメートルとしますと、海から離れていて、保護性の十分なさび層が生成する環境なら、これ以下に納まります。24で述べたように、例えば太平洋沿岸なら、2キロメートル以上の離岸距離があればよいのです。

電気防食によって、十分な電流を与えている限り、腐食はゼロです。問題は、対象物全体が十分電気防食されているかどうか、ということです。土中のパイプラインでは、塗覆装などを併用して完全な防食を目指しており、達成できれば、寿命は永遠です。

ステンレスは、例えば粒界腐食が、まったく起こらないことを前提に使用します。鋭敏化していなければよいのですから、実験室的に非常に強い粒界腐食環境で試験し、鋭敏化の有無をチェックします。

ステンレスには応力腐食割れ感受性が多少ともありますが、42％沸騰塩化マグネシウム溶液のような強い環境で200時間割れなければ、経験的に腐食しないとされています。

要点BOX

- おおよその推定はできる
- 設計に必要なのは腐食の大きさより腐食の限度
- 腐食ゼロを前提とする材料選択や防食方法も多い

10年後の腐食を予測する

構造物		環境	10年後の腐食
大気中の鋼構造物の塗装	普通の塗装	田園地帯	さびが目立ち始める
		工業地帯	かなりのさび
		臨海地帯	全面さび
	高級な塗装	田園地帯	問題なし
		工業地帯	問題なし（20年経つと多少のさび）
		臨海地帯	問題なし（20年経つと多少のさび）
海に立てた鋼杭	防食なし	海水飛沫部	腐食2〜3ミリメートル。孔食あり
		干満部	腐食0.5〜1ミリメートル。多少孔食
		海中部	腐食1ミリメートル程度。孔食あり
	ポリエチレン被覆	海水飛沫部	問題なし（40年以上もつ）
		干満部	問題なし（40年以上もつ）
	電気防食法	海中部	適切であれば問題なし
土中の配管	無防食の鋼管	鉄筋接触	多くの場合穴あき
		鉄筋無接触	腐食0.1〜0.5ミリメートル。孔食最大3ミリメートル程度
	ポリエチレン被覆＋電気防食	鉄筋接触	多くの場合穴あき
		鉄筋無接触	問題なし

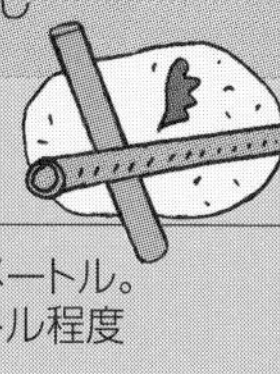

【参考文献】

●さびと腐食について、もっと知りたい人に

『さびのおはなし　増補版』増子昇（日本規格協会）
『錆と防食のはなし　第2版』松島巖（日刊工業新聞社）
『腐食防食の実務知識』松島巖（オーム社）

●著者略歴

松島　巖（まつしま・いわお）

1937年、京都市に生まれる
1959年、東京大学理学部化学科卒業
1959～1997年、NKK（研究所）
1997～2002年、前橋工科大学（建築学科教授）
2003～2007年、前橋工科大学　客員教授

著書
『錆と防食のはなし 第2版』（日刊工業新聞社）
『低合金耐食鋼』（地人書館）
『腐食防食の実務知識』（オーム社）
『起承転々…』（コンパス社）
訳書
『腐食反応とその制御 第3版』
（H.H.ユーリック他著、松田精吾共訳）（産業図書）

今日からモノ知りシリーズ
トコトンやさしい
錆（さび）の本

NDC 564.7

2002年 9月28日　初版1刷発行
2015年 3月31日　初版10刷発行

©著者　松島　巖
発行者　井水治博
発行所　日刊工業新聞社
東京都中央区日本橋小網町14-1
（郵便番号103-8548）
電話　編集部　03（5644）7490
販売部　03（5644）7410
FAX　03（5644）7400
振替口座　00190-2-186076
URL　http://pub.nikkan.co.jp/
e-mail　info@media.nikkan.co.jp

印刷・製本（株）シナノ

●DESIGN STAFF
AD ―――――――志岐滋行
表紙イラスト―――黒崎　玄
本文イラスト―――輪島正裕
ブック・デザイン――奥田陽子
（志岐デザイン事務所）

●
落丁・乱丁本はお取り替えいたします。
2002 Printed in Japan
ISBN　978-4-526-05010-7　C3034

●定価はカバーに表示してあります